天気のしくみ

雲のでき方からオーロラの正体まで

森田正光
森さやか
川上智裕

共立出版

はじめに

近年、山や海でのレジャーの場で、気象を原因とする事故が目立っています。しかも、悪天になることがある程度予想できたのに、避難するという行動ができなくて被害に遭ってしまうのです。あとから聞くと「なぜ?」という思いにかられるのですが、他人ごとではないのです。

実は私も、九死に一生を得た経験があります。それは今から20年以上前の8月の夕刻、富士山頂からテレビ生中継をしたときのことです。当日は台風が紀伊半島の南海上にいたのですが、午前中は快晴で天気が良かったので、当初は火口から生中継する予定でした。しかし、午後3時ごろになると霧が濃くなってきたので、火口に降りるのは止めようということになりました。

いまから振り返ると、この霧がある意味では我々を救ってくれたのです。なぜなら、その頃から少しずつ風が強くなり、生中継をする午後6時過ぎには風速25メートル以上の暴風雨になっていました。

テレビ生中継では、平地は平穏なのに、富士山頂では嵐になっていることが伝えられて大成功だったのですが、大変なことになったのはその後でした。オンエアが終わっていざ撤収する段になると風はますます強くなり、とうとう山頂の風速計が48メートルを記録するほどになっていたのです。

暗闇の中、ブルドーザの助けを借りて、かろうじて8合目の山小屋にたどりつき難を逃れましたが、あのとき霧がでていなかったらば、我々は火口に降りたまま引き返せなくなり、間違いなく遭難していたと思います。

2017年3月、栃木県那須町で雪崩が発生し、登山講習中の高校生ら8名が亡くなるという大事故がありました。講習責任者の言によると「雪崩の危険はないと思っていた」とのことでしたが、あとの調査によると、事故現場は雪崩の起こりやすい場所だったことや、気象状況からして無謀な行動だったことがわかってきました。つまり「雪崩の危険はないと思っていた」のは事前にきちんと調べていたからではなく、たんなる思い込みだったようなのです。

実はここに、近年の気象災害の特徴があるように思います。都会などでは台風が来ても頑丈な建物の中に避難していれば、何事もなかったかのように嵐は通り過ぎていきます。また、よほどのことがない限り、身の安全をおびやかされるような事態にもなりません。そのため、私たちは自然が本来持っている力の怖さを体験することも少なくなりました。知らずに済めばそれはそれで幸せなことですが、ただ、普段の安全に慣れていると、実際のむき出しの自然の力に遭遇したとき、適切な回避行動をとれるとは限りません。

私たちにとって、天気のしくみを理解することは大切なことではないでしょうか。気象災害を防ぐには、まずその気象がどのようにして起こるのかを知ることが必要だからです。台風や積乱雲がどのようなときに発生するか、前線や低気圧とはどのような気象現象なのか、といったことがわかると、テレビの天気予報の見方も変わってきて、いずれは気象災害を自分で予想できるようにもなれるでしょう。

これは大げさな話ではなく、現代はかつてないほど豊富な気象データがインターネットで公開されているため、その気になれば誰もが自分なりの天気予報をできる時代になりました。

本書では、いままでの天気の入門書にはない新しい試みを取り入れました。本文中の図についているＱＲコードをスマートフォンなどで読み取って動画サイトにアクセスすると、気象現象を立体的に再現したＣＧ動画が見られるようになっています。ＣＧ動画によって、自然界で起きていることをよりリアルに理解でき、気象現象をより一層身近に感じることができるでしょう。

ちょうど、この序文を書いている2017年7月、九州北部や北陸では記録的な豪雨で大きな被害が生じました。この豪雨は、本書の2章6節でも取り上げている「バックビルディング」と呼ばれる、積乱雲が次々と同じ場所に発生する現象によるものでした。

繰り返しになりますが、気象災害から身を守るためには、そのしくみを知ることが大切です。本書と動画を合わせてご覧いただくことで、天気のしくみについての理解を深めていただければ幸いです。

森田正光

天気のしくみ＊目　次

目　次

5章 嵐のふしぎ

目　次

目　次

9章 秋の天気 …… 154

図の下部についているQRコードから動画サイトにアクセスすることで，解説動画が見られます。

（パケット料金など，別途通信料がかかります。）

なお，配信されている動画は予告なく終了される場合があります。

天気のしくみ 編

1章 雲のふしぎ

1 ＊＊＊＊＊ 雲はどうやってできるの？

雲を構成している粒（雲粒《うんりゅう》）はとても小さなもので、直径およそ0・01ミリ以下です。雲粒自体も小さいのですが、その雲粒の核（芯）になるエアロゾルという物質はさらに小さく、雲粒の1／100くらいの大きさです。この微粒物質が雲を作っているのです。

「雲」の成り立ち

「雲」という文字の成り立ちは、どうやら気体にあるようです。雨冠の下にある「云（うん）」は、気体がもやもやしながら立ち上る様子を表した象形文字に由来します。水蒸気がもやもやと上空に立ち上り、それが次第に雲になるというしくみを、昔の人々も知っていた

聴覚障害と精神障害をあわせもつ人の支援とコミュニケーション
赤畑　淳 著
A5判二〇四頁
本体六〇〇〇円

知的障害者の「親元からの自立」を実現する実践
森口弘美 著
A5判二二八頁
本体五〇〇〇円

精神障害者のための効果的就労支援モデルと制度
山村りつ 著
A5判三八〇頁
本体六五〇〇円

よくわかるヘルスコミュニケーション
池田理知子
五十嵐紀子 編著
B5判一九二頁
本体二四〇〇円

大学はコミュニティの知の拠点となれるか
上杉孝實
香川正弘
河村能夫 編著
A5判二五六頁
本体三八〇〇円

ミネルヴァ書房
http://www.minervashobo.co.jp/

編著者紹介

斉藤くるみ（さいとう・くるみ）

1990年　国際基督教大学大学院博士課程修了（教育学博士）。

1988-89・1993-94年　ケンブリッジ大学客員研究員。

現　在　日本社会事業大学社会福祉学部教授。

主　著　『視覚言語の世界』彩流社，2003年。

『少数言語としての手話』東京大学出版会，2007年。

手話による教養大学の挑戦

——ろう者が教え、ろう者が学ぶ——

2017年５月30日　初版第１刷発行　〈検印省略〉

定価はカバーに
表示しています

編著者　斉藤くるみ
発行者　杉田啓三
印刷者　田中雅博

発行所　株式会社　ミネルヴァ書房

607-8494　京都市山科区日ノ岡堤谷町１
電話代表　(075) 581-5191
振替口座　01020-0-8076

創栄図書印刷・新生製本

ISBN978-4-623-07844-8
Printed in Japan

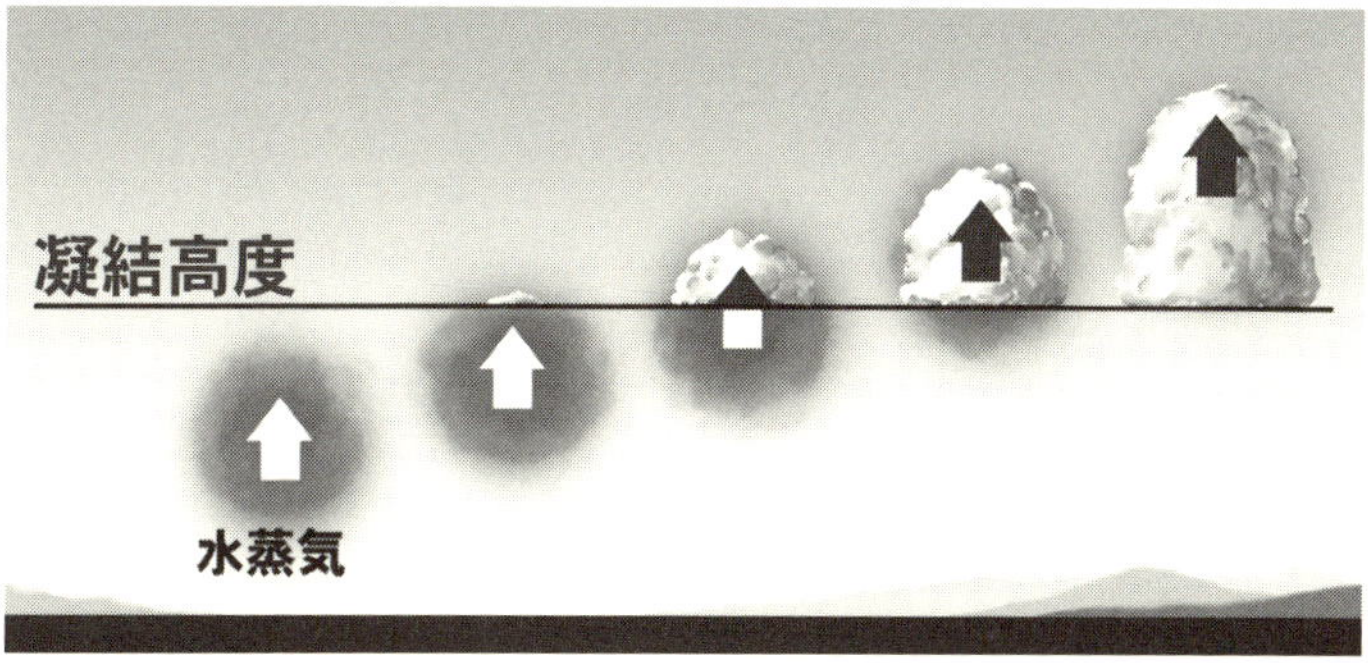

図1・1　雲の発生

のでしょう。気象学のような学問もなかった頃の、昔の人々の鋭い観察眼には圧倒されます。

雲の発生

雲はどのようにして発生するのでしょうか。

空気には含むことのできる水蒸気の量（飽和水蒸気量）があります。その量は気温に比例し、気温が高ければより多く、逆に低ければより少なくなります。

一般に、気温は上空になるほど低くなるため、空気は上空になるほど含むことができる水蒸気量が小さくなります。そのため上昇する水蒸気は、ある高度（凝結高度）を過ぎると水になって、雲を作り出す雲粒となるのです（**図1・1**）。

ただし、水蒸気は上昇するだけで雲となるわけではなく、水蒸気から水になるときに、核となる物質の存在が必要となります。具体的には、大気中に浮遊しているチリやホコリなどの微粒子で、これらは「エアロゾル」と呼ばれています。このエアロゾルがあって初めて雲が発生することになります。

飛行機雲

航行中の飛行機から出される排気ガスもまた、雲を作りだすエアロゾルの一つなのですが、その結果できるのが、お馴染みの飛行機雲です。飛行機から出される排ガスに含まれる水蒸気と空気中に含まれている水蒸気が、エアロゾルと結びつき、上空の冷たい空気で冷やされた結果、氷晶ができ雲が発生します（**図1・2**）。

たしかに青空に浮かぶ直線に伸びた白い雲は、格好のシャッターシーンを作りだしますが、この飛行機雲が多いと、地上の気温を下げる働きもします。実際に次のような例があります。

1944年5月、イギリスから1400機を超える爆撃機が飛び立ち、空一面が飛行機雲に覆い尽くされた結果、太陽光が遮られ、気温が0・8℃も下がったといわれています。

また、2001年9月のアメリカ同時多発テロの直後、アメリカ上空では3日間、旅客機の飛行が禁止されたのですが、このときはアメリカ全土の昼夜の気温差の平均が1℃大きくなりました。これは、飛行機雲の減少により昼間の気温が上がったためといわれています。

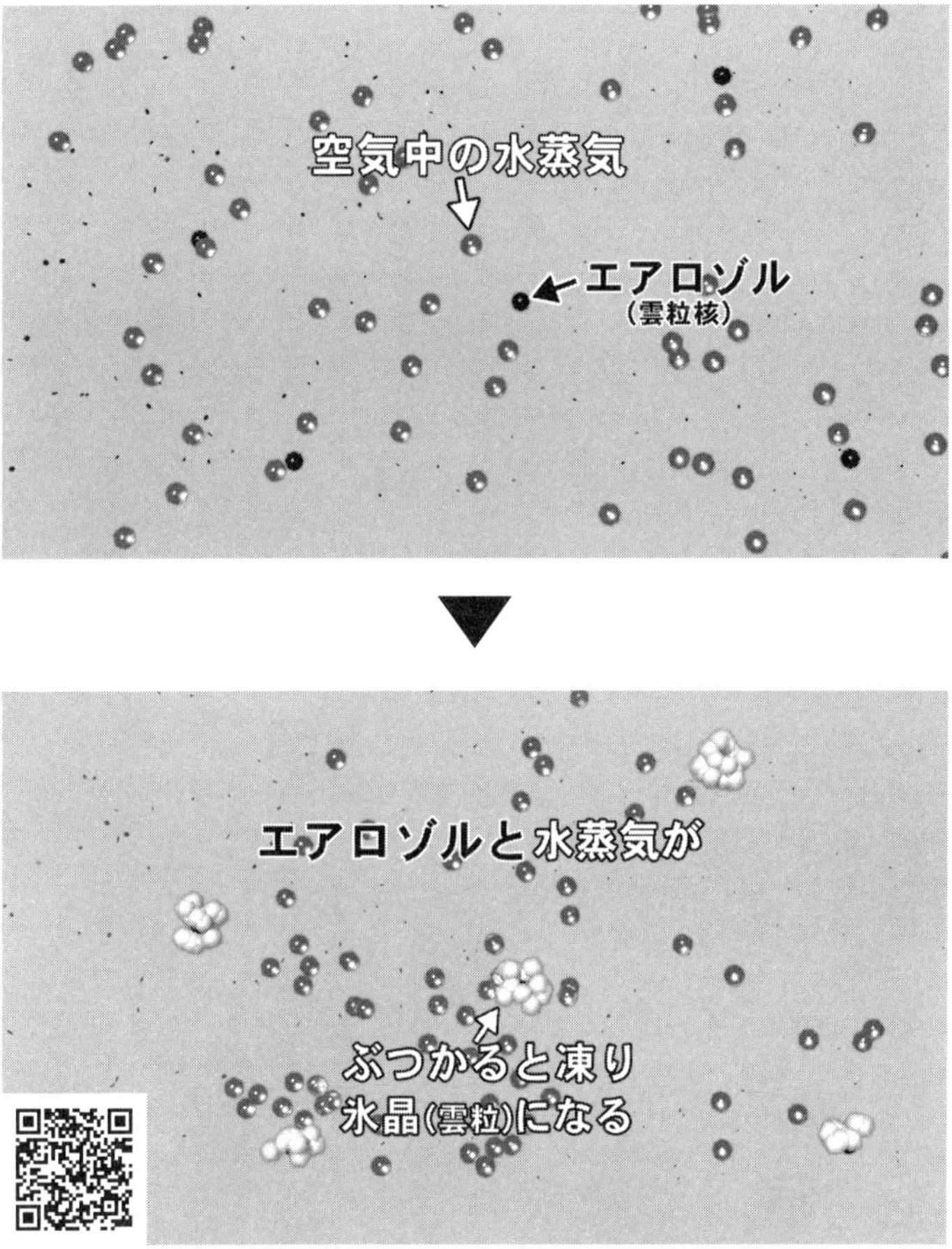
空気中の水蒸気
エアロゾル
(雲粒核)
エアロゾルと水蒸気が
ぶつかると凍り
氷晶(雲粒)になる

図1・2 飛行機雲のできるしくみ

2

*****

雲にはどんな種類があるの?

いまから200年ほど前のイギリスに、ルーク・ハワードという少年がいました。ハワード少年は空を見るのが好きでしたが、ある年、鮮やかな夕焼けや色の付いた変わった雲を見つけました。実はその頃、日本の浅間山をはじめ、世界中の火山活動が活発で、火山灰が空の色を変えていたのです。その少年が、現在の雲の分類の礎を築きました。

観天望気とは

名医が患者の外見から病を判断できるように、空を深く観察している人は、その雲の形から大気の状況を概ね判断できます。その方法は、農業・漁業に携わっていた先人などによって、「観天望気」という形で後世の人々に残されています。観天望気には次のようなものがあります。

「山に笠雲がかかれば風雨の兆し」

山の頂上付近に笠のように雲がかかった様子は、実に風光明媚です。この雲は見た目そのままに「笠雲」と呼ばれています。しかし、この笠雲は悪天の兆しなのです。なぜかというと、低気圧や前線が接近することによって風が吹き込み、その風が山肌に沿って急上昇した結果できた雲が笠雲だからです。笠雲が現れたときは、翌日には天気が荒れるため、しばらくは山を眺めることはできません。

「羊雲やうろこ雲がでると翌日雨」

羊雲やうろこ雲は、斑状や帯状の小さな雲のかたまりからできています。これらの雲の形に似ているのが、温まったお味噌汁をお碗に入れたときに現れるまだら模様です。これは味噌汁の表面と、温かい下の部分とに温度差が生じ、対流が起こるためにできます。

うろこ雲は、上空で対流が起こり始めていることの現れです。実際、高気圧が去って前線や低気圧が接近しているときに、うろこ雲ができることが多く、これらの雲が現れると、2、3日後には天気が悪化することが多いのです。

このように、うろこ雲はきれいに見えても、その後に天気が崩れることから、「うろこ雲

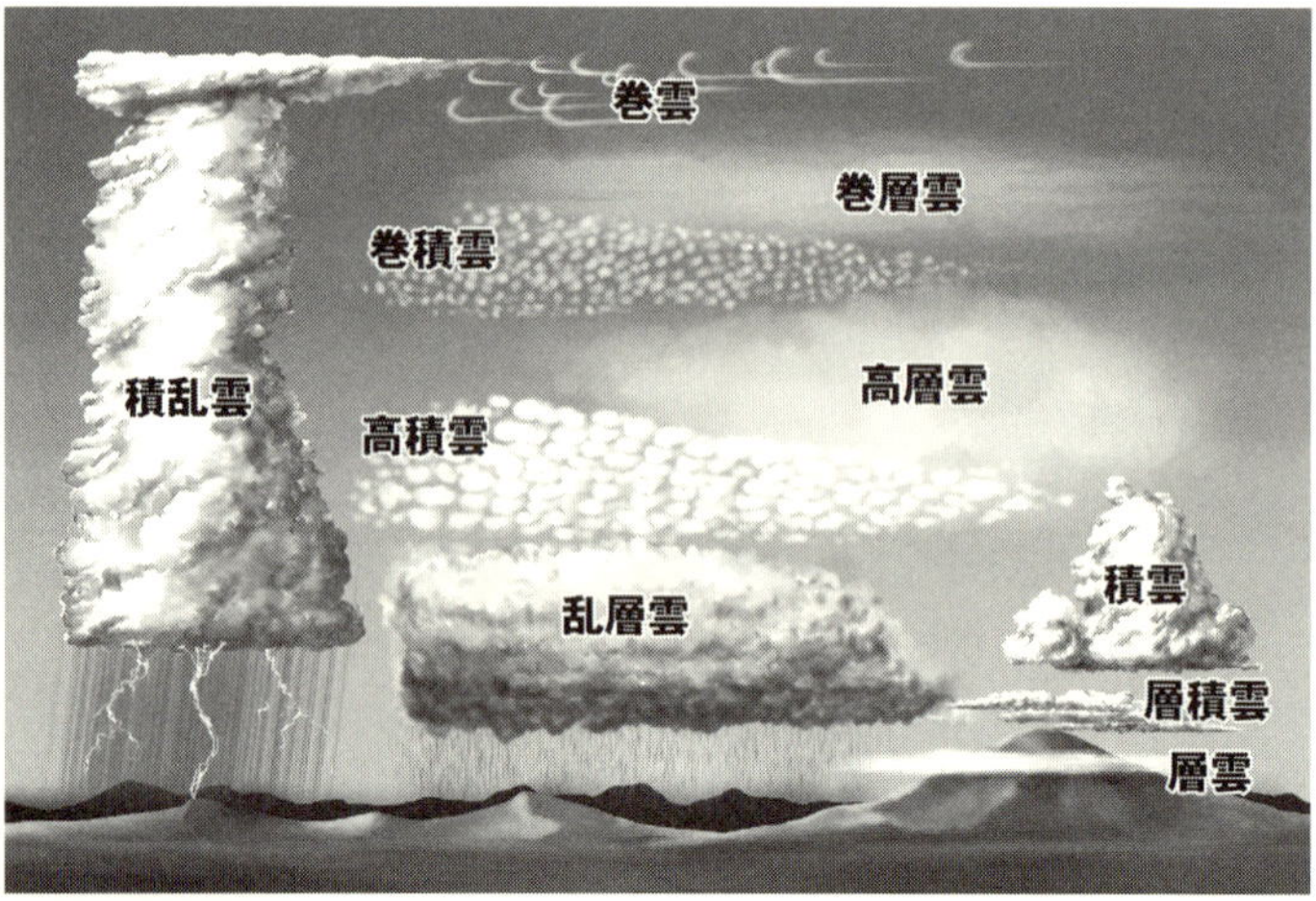

図1・3　10種雲形

と厚化粧は長続きしない」という格言もあるほどです。まさに、雲から学ぶ、人生の教訓です。

雲の種類（図1・3）

笠雲やうろこ雲のような一般的に使われている雲の通称とは別に、気象用語となっている正式な雲の分類の基礎を築いたのは、イギリス人のルーク・ハワード（1772～1864年）です。彼は、雲の名付け親としての功績や、気象学への多大な貢献から、「気象学の父」とも呼ばれています。

彼はまず雲の形によって、繊維状に伸びる巻雲《けんうん》、広範囲に薄く広がる層雲、そしてもくもくと盛り上がる積雲の三つの基本形に分けました。そしてそれらをさらに組み合わせて、計7種の雲形に分類しました。現在も一般的に使用されている「10種雲形」は、これを改良したものです。

3 ＊＊＊＊＊ 特殊な雲はどうやってできるの？

前節で述べたように、雲は大きく分けると10種類に分類されますが、地形の影響や気象条件によって変わった形の雲が現れることがあります。そのような雲は、特定の場所でのみ見られるため、近年は観光資源としての価値も見いだされつつあります。

吊るし雲のできかた

山を眺めたときに、そのそばに動かないＵＦＯのようなものを見つけたとしたら、それはおそらく「吊るし雲」と呼ばれる高積雲でしょう。この雲をＵＦＯと見間違える人が後をたたないのも当然です。その形は、まさにＳＦ映画に出てくる宇宙船そのものだからです。

吊るし雲は富士山でもよく発生し、この雲が現れると、その後に雨が降ることが多いこと

図1・4　吊るし雲のできかた

から、地元の人には「雨俵」などと呼ばれています。

吊るし雲はどのようにしてできるのでしょうか。

その鍵は山にあります。強い風が山の斜面を駆け上がると、麓の空気が強制的に持ち上げられます。やがて風が山頂に達すると、今度は山の斜面を駆け下りていきます。そのときに生じる空気の上下動が伝わることで、空気が雲のできる高さまで持ち上げられると、吊るし雲が発生するのです（**図1・4**）。

富士山に吊るし雲ができる好条件は、台風や発達した低気圧が日本海の上にあって、富士山に強い南～南西の風が吹き付けるときといわれています。

吊るし雲は風が強いときに生じるため、航空機のパイロットからは嫌われており、航空機はこの気流を避けるように飛行します。

しかし、グライダーの愛好者にとっては逆に、吊るし雲が最高の飛行環境を作り出してくれます。実際、グライダーの飛行最長距離の世界記録（3千キロ超）と飛行最高高度の世界記録（約1万5千メートル）は、この吊るし雲が発生しやすい環境で達成されているのです。

モーニンググローリー

グライダー愛好者がこぞって集まる雲といえば、吊るし雲のほかに「モーニンググローリー」があります。モーニンググローリーとは、長く連なるロール状の雲のことで（**図1・5**）、オーストラリア・クイーンズランド州の北部に発生するものが特に有名です。

その景色は実に壮大で、最大1千キロにわたって伸びる筒のような雲が、多いときには一度に8本も並ぶことがあります。発生する雲の高度が低いのが特徴で、多くの場合、高度1～2キ

図1・5　モーニンググローリー

ロ、ときには高度100〜200メートルといった位置にできるため、手を伸ばせば届きそうな錯覚を起こさせてくれます。
モーニンググローリーは、半島上で東西の岸からの海風がぶつかったときに発生します。雲の周辺で強い上昇気流と下降気流が発生していることから、グライダーにとって格好の飛行環境を作り出すのです。

環八雲

モーニンググローリーとは規模こそ違いますが、東京でも長く連なるロール雲が発生することがあります。それは、環状八号線に沿って発生する、通称「環八雲」と呼ばれる雲です。発見された当初は、環八を走る車から出る排ガスが雲粒の核となって、雲の列ができるといわれていました。しかし、その後の研究では、東京湾と相模湾から流れ込む海風が東京都心でぶつかり、それがちょうど環八付近で上昇することが原因と判明しました。太平洋高気圧に覆われた、8月の日中によく現れます。

この環八雲の発見者は、写真家の塚本治弘氏です。まさに、日本版ルーク・ハワードといったところでしょうか。

2章 水のふしぎ

1 ＊＊＊＊＊ 雨はどうやってできるの？

雨は降りすぎるのも困りものですが、降らなすぎるのも大変な影響が出ます。大昔から世界中で「雨乞い」の儀式がありますが、現在の人工降雨の技術を用いても、大量の雨を降らせることはできません。そもそも雨はどのようにしてできるのでしょうか。

雨を作る男

今から100年ほど前のアメリカに「レインメーカー」と呼ばれた男がいました。彼の名はチャールズ・ハットフィールド。彼の家は農家だったのですが、彼が幼い頃、悪天に悩まされて廃業してしまいました。彼は苦しい生活を送る中で、「大砲を撃った後は雨が降る」

という話をヒントに、4年をかけて人工降雨機を完成させたのです。

彼の人工降雨ビジネスは成功を収めますが、1916年に転機を迎えます。彼は、大干ばつが発生していたサンディエゴに雨を降らせるという仕事をした際に、なんと数週間も雨が降り止まず、ダムが決壊し、大洪水が発生してしまったのです。

この雨がハットフィールドの人工降雨機によるものとは考えにくいのですが、心を痛めた彼は、人工降雨装置の製造をやめてしまいました。その後も彼の人工降雨技術は公表されなかったため、その方法は今もなお、謎に包まれています。

雨を人工的に作る方法

近年では、世界の様々な場所で人工降雨技術が使われるようになりました。2008年の北京オリンピック開会式の際には、その数日前に人工的に雨を降らし、開会式を晴れにしたとニュースになりました。

日本にも東京都の奥多摩町に人工降雨装置があり、記録的な水不足の際に使用されています。この装置は、水蒸気と結びつきやすい性質を持つ「ヨウ化銀」を入れた溶液を燃やし、それを煙にして上空に放出することで人工的に雨を降らせる、というしくみになっています。

雨のできかた

それでは、自然界における雨のでき方を見ていきましょう。

雲の中にはおよそ0・01ミリという、非常に小さな水滴（雲粒）が無数に浮かんでいます。上昇気流が起きているために、雲粒はかき混ぜられ、粒同士が衝突・吸収されたりします。その過程で水滴が成長し、直径0・1ミリ以上になると、水滴の重力が雲の上昇気流に勝って、落下をはじめます。

落下する際にも、落下速度の速い大きな雨粒が小さな雨粒にぶつかり、合体していきます。これを繰り返して雨粒は大きくなりながら、地表面に降りてくるのです。大きな雨粒になると5ミリ程度になることもありますが、空気抵抗も大きくなり、一つの雨粒としての形が維持できなくなって、いくつかの小さな雨粒に分かれてしまいます（雨滴衝突説、**図2・1**）。

雨粒の形は、私たちがよくイメージするような涙型はしていません。雨粒

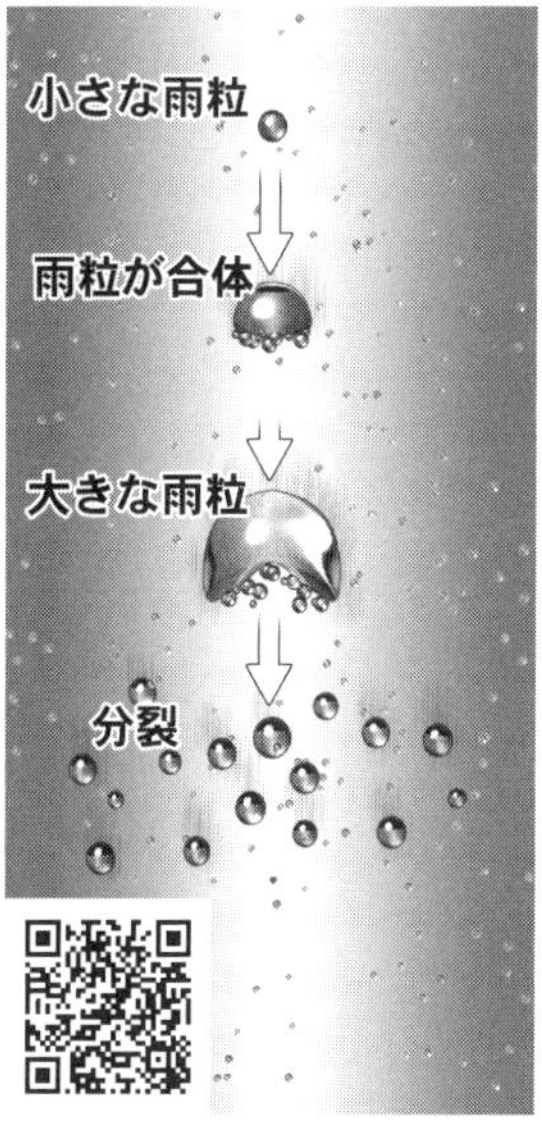

図2・1 雨のできかた

は2ミリを超えると、落下する際の空気抵抗によって下が平べったい形になるからです。これを「まんじゅう型」と呼ぶ人もいます。雨の形がまんじゅう型であることを最初に確認したのは、北海道大学教授であった孫野長治氏といわれています。彼は、次節で取りあげる雪の博士・中谷宇吉郎《なかやうきちろう》氏の愛弟子でした。

「冷たい雨」と「暖かい雨」

日本で降る雨のほとんどは、四季を通じて「冷たい雨」です。真夏であってもそうなのです。なぜ「冷たい雨」なのかというと、雨自体の温度が低いのではなく、空高くでは凍っていたものが、途中で溶けて雨になったものを「冷たい雨」と呼ぶからです。

日本のような温帯の地域では、夏の暑いときでも上空の雲の中の気温は氷点下のため、雲粒が凍っている（氷晶）ことが大半なのです。反対に熱帯地域では、雲の中が氷点下ではなく、雲粒も水滴のままなので、「暖かい雨」と呼びます。

雨の降りかた

ところで、「強い雨」というときの雨の強さの基準は、世界で異なります。例えばアメリカ気象局では1時間あたりの降水量が8ミリ以上、イギリス気象局では4ミリ以上としています。一方、日本の気象庁では20ミリ以上としていますから、日本がいかに雨の多い場所であるかがわかります。

そして日本人は、世界一の傘好きともいわれます。ウェザーニュース社の「世界の傘事情調査」によると、日本人1人あたりの傘の所有本数は3・3本で、世界35カ国中トップということです。今や日本人の生活必需品となった感のあるビニール傘ですが、これを発明したのが日本人であることも納得できますね。

2 ＊＊＊＊＊ 雪はどうやってできるの？

気温が低ければ雪が降ると思いがちですが、それだけでは雪は降りません。雪が降るためには、雪のもととなる水蒸気が必要になります。日本の豪雪地帯の雪雲は、シベリア大陸からやってくる冷たい空気が日本海を通ることによって、水蒸気の補給を受けているのです。もし日本海がなかったら、日本の豪雪地帯も、それにまつわる文学も生まれなかったでしょう。

文学における北国の生活

江戸時代の越後商人・鈴木牧之《ぼくし》は、生まれ育った雪国での生活を『北越雪譜《ほくえつせっぷ》』に記し、一躍ベストセラー作家となりました。牧之が本を書くことになったのは、京都の人々が雪国の生活や苦労を全く知らないことを知り、広く世間に紹介したいと思ったためといわれています。彼はこの本の中で、「雪を観て楽しむ人の繁花の暖地に生たる天幸を羨《うらやま》ざらんや（暖かいところに住む人が雪を楽しいものとして見ていることが羨ましい）」と記し、北国出身ならではの切実な本音を書いています。

牧之が皮肉を込めるのも無理はありません。彼の故郷である新潟は、1シーズンに2メートル以上もの雪が降る、世界有数の豪雪地帯だからです。なぜ、この地域では雪が多くなるのでしょうか。

日本海側の大雪のしくみ

冬季、シベリアから日本列島へ流れ込む冷たい北風が日本海の上を通るとき、水蒸気を大量に含み雲ができます。この雲が日本列島を縦に走る脊梁《せきりょう》山脈などの山々にぶつかることでさらに発達して、日本海側の地域に大雪を降らせるのです（**図2・2**）。

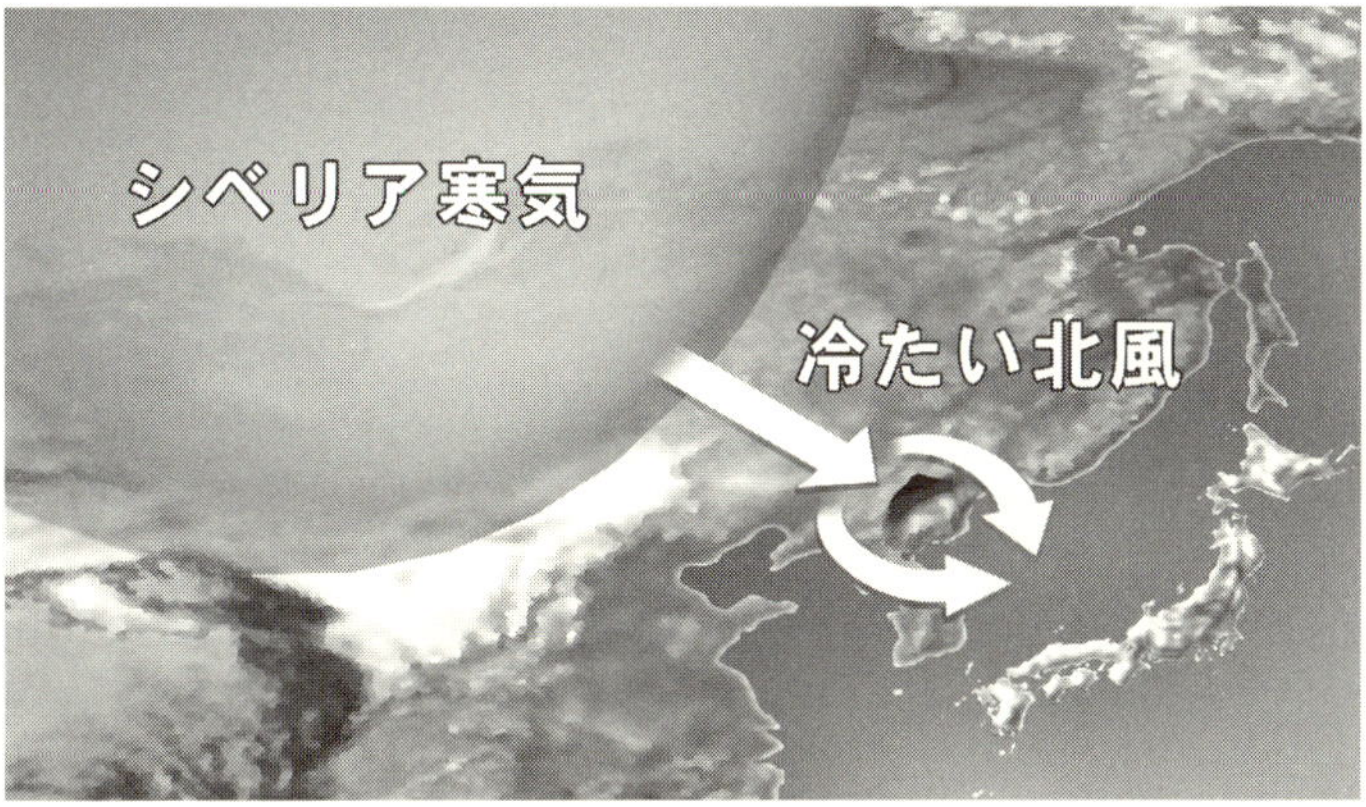

図2・2 日本海側の大雪のしくみ

そのなかでも最も雪深いのは、北陸地方や近畿地方周辺の内陸部です。冬季の衛星写真には、大陸から北陸地方周辺にかけて雲の帯がはっきりと映っていることがあります。この雪雲の帯を「日本海寒帯気団収束帯」と呼びます。大陸からの季節風が、北朝鮮と中国の国境にある白頭山《ペクトウ》にぶつかり、二つに分かれたものが、再び日本海で合流することで発生します。

この雪雲の帯が若狭湾周辺から内陸へ流れ込み、滋賀県や岐阜県の山々にぶつかるため、この周辺では特に雪が多くなります。実際、滋賀県最高峰の伊吹山（標高1377メートル）では、1927年に積雪が11・82メートルに達し、これは積雪の世界記録となっています。

結晶

日本における豪雪は、こうした記録だけではなく、優れた雪の研究者をも輩出しました。石川県出身で、人工雪の製作を世界で初めて成功させた、中谷宇吉郎氏（1900～1962年）もその一人です。中谷氏は雪の結晶の形を分類し、その多くが、ある共通の形をしていることを突き止めました。

例えば、マイナス15℃前後で現れる結晶は、6本の枝が伸びて花のような（樹枝状六花）形をしていたり、マイナス20℃以下のときは六角柱だったりと、六角形をしていることが多いのです。

なぜ六角形なのかというと、これは水の分子構造に関係があるのですが、興味深いことに蜂の巣も、亀の甲羅も、同じ六角形をしています。

正六角形がすき間なく敷き詰まった構造は「ハニカム構造」と呼ばれ、衝撃に対して非常に強いのが特徴です。そのため外敵から身を守るのにも適しているのです。

雪と雨の境目

北国の冬は気温が低いため、降水があればたいてい凍って雪になるのですが、関東のように気温がそれほど低くない地域では、雪になるかはそう簡単に予想できません。テレビの気象情報などで「関東の雪の予想は難しい」と言われているのを耳にしますが、それは言い訳なのではなく、気温が雪になるかならないかの、微妙な範囲にあるためなのです。

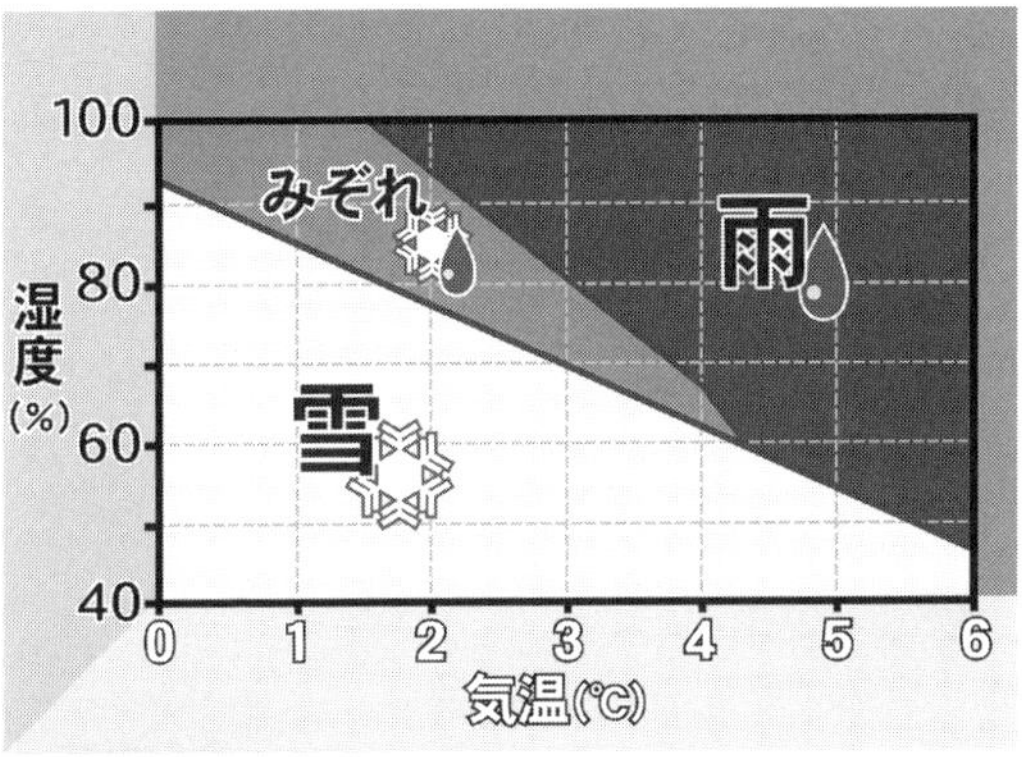

図2・3 雨雪判別表

さらに、雪になるかどうかには、湿度も関係してきます（**図2・3**）。水は通常0℃で氷になりますが、気温が5℃あっても、空気が乾燥していると雪になることがあります。雨粒の水分が蒸発する際に周囲の熱を奪って、雨粒の周りの温度を下げるからです。一方、気温が0℃近くでも、湿度が高いと雪にはならず、雨やみぞれになることがあります。東京はこの微妙な温度帯にあるために、1℃上下するだけで、天気が全く変わってしまうのです。

以前、ある東京都知事が、気象庁の雪予想が外れたことに腹を立て「（もし再び予報が外れたら）責任を追及します。狼少年は許さない」と発言したことがありました。今の科学には限界がないと錯覚していたのでしょう。自然は完全には予測できないのです。

3 ＊＊＊＊＊ 雹はどうやってできるの？

雹《ひょう》は比較的に珍しい気象現象といえます。発達した積乱雲の下では、季節を問わず、どこでも起こる可能性がありますが、積乱雲内の気温や上昇気流などの条件が揃わないと雹はできません。

かぼちゃ大の雹

1917年6月、埼玉県熊谷町（当時）で、映画のシーンさながらの怪現象が起きました。なんと直径30センチ、重さ3・4キロのかぼちゃ大の雹が、空から降ってきたのです。この巨大な雹は、非公式ながら世界一大きな雹とされています。おそらくこの雹は、落ちてくる過程でいくつもの雹が合体し、巨大化したのでしょう。

この巨大な雹は、当時の『気象要覧』（中央気象台の刊行物）に「扁平な球形で周囲が内側に巻き込み、まるで牡丹の花のよう」と記載されています。実に情緒豊かな表現ですが、実際に**図2・4**の雹の断面を見てみても、年輪のように輪が幾重にも重なって、花のようにも見えます。なぜ雹はこのような形になるのでしょうか。

図2・4 雹の断面

雹のできかた

雲の中では、雲粒が空の高さごとに、「氷」「過冷却水滴」「水滴」の三つの状態で存在しています。過冷却水滴とは、温度が氷点下で、何かに付着すると初めて氷になる水滴のことです。

まず、雲の中にできた氷が重みで落下し、過冷却水滴の雲の層を通過します。このときに過冷却水滴が氷の粒に付着して大きくなります。そのまま地表面に溶けずに落ちてきたものが「霰《あられ》」で、直径は5ミリ未満です。

一方、雲の中で上昇気流が激しく発生しているとき、氷の粒が何度も上下動することによってより大きな粒になり、直径5ミリ以上になって地表面に落ちてきたものが雹です（**図2・5**）。つまり、最初の氷の粒に、過冷却水滴が付着することで、新たに氷の層が作られ、それが繰り返されることで、層が何重にもなって年輪のように見えるのです。

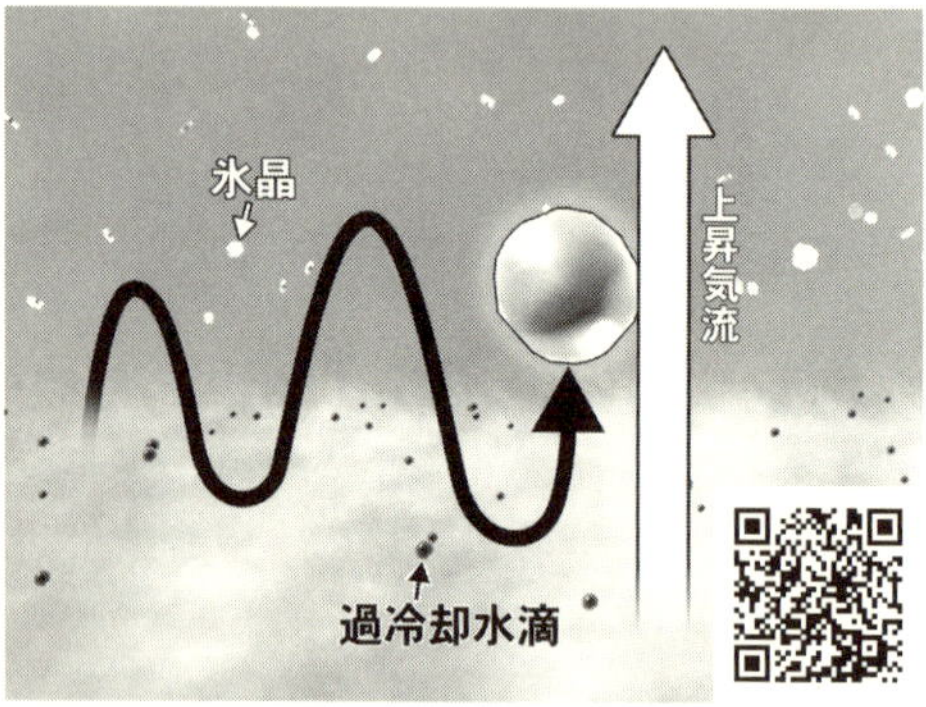

図2・5　雹のできかた

「雹」という漢字も、雨粒が丸くまとまって包まれるという、雹のでき方に由来しています。ちなみに「包」という文字の成り立ちは、お母さんの子宮の中で、子供が包まれている形からきています。

全国で最も雹被害が大きい北関東

雹による被害が国内で最も多い地域は、北関東周辺の内陸部です。福島県から山梨県・長野県にかけての地域では、5月から8月の農作物の生育・収穫期に雹が降ることが多いため、被害が大きくなる傾向にあります。冒頭で紹介したかぼちゃ大の雹も埼玉県ですし、2000年5月には千葉県北部で「みかん大」の雹が降り、負傷者130人、農作物被害額66億円、損壊家屋約3万棟にも上る大きな被害が発生しています。

一方、小さな雹でも被害が大きくなることもあります。それは、雹が雨で流され、低地に集まり積もった場合です。2014年6月、東京都三鷹市では、小さな雹が積もって、一瞬にして雪山のような景色に変わりました。

海外では高さ2メートルの雹の山ができて、車が氷の山に閉じ込められたり、建物に被害が出たりしたこともあります。「雹も積もれば、山となる」、小さな雹も数が多ければ災害をもたらすのです。

ワラにもすがる思いで、ヘイルキャノン

北関東周辺のみならず、世界でも雹は農家の大敵とされ、昔から対空砲ならぬ、対雹砲（ヘイル・キャノン）が開発されてきました。それは、雲に衝撃波を与えて雹が生成されるのを妨げたり、ロケットで雲にヨウ化銀を散布して、発達した雲ができる前に雨を人工的に降らせ雲を衰弱させたりするものです。しかし、一見効果がありそうなこれらの試みも、実のところ、「時間とお金の無駄」で、科学的根拠がないと指摘している研究者もいます。それでも、フランスなどではワラにもすがる思いで、この装置を使用している農家があるそうです。

4 ＊＊＊＊＊ 霧はどうやってできるの？

空気の中には、目には見えない水蒸気が含まれています。その水蒸気の量が多いとき、急に温度が下がると、水蒸気は冷やされて細かな水滴に変わります。そして、さらに温度が下がって湿度が100パーセント近くになると、空気の中が小さな水滴だらけになって、霧になります。微粒物質が霧を作っているのです。

「霧」の成り立ちと海難事故

「霧」という文字の成り立ちは何でしょうか。『花信風』（安斎政雄著）によると、雨冠の下の「務」には、無理に局面を打開するという意味があって、「手探りで進まなければならないほど、水滴が立ち込めた状態」としています。

この説明のとおり、霧が発生すると視界が遮られて、大事故につながることがあります。そのなかでも1955年5月に起きた「紫雲丸事故」は、霧による国内最大級の海難事故といわれています。

濃霧警報発令中の瀬戸内海で、宇野港（岡山県）と高松港（香川県）を連絡する貨客船・

紫雲丸と大型貨物船が衝突する事故が起きました。紫雲丸は数分のうちに沈没し、修学旅行中だった小・中学生を含む168人が亡くなる大惨事となったのです。この沈没事故により、本州と四国間とをつなぐ橋の建設への気運が高まり、1988年に瀬戸大橋が開通しました。

霧《きり》と靄《もや》と霞《かすみ》の違い

「霧」とは、地表面に接した雲のことで、空中の小さな水滴によって、1キロ先も見えないような視界が悪い状態をいいます。霧より薄く、1キロ以上遠くを見ることができるのが「靄」です。霧は条件さえ揃えば年中発生しますが、特に秋に発生することが多く、秋の季語にもなっています。

一方「霞」は春の季語です。これらはどう違うかというと、「霧」は水滴の集まりで、湿度が100パーセント近い状態なのに対し、「霞」はPM2・5や黄砂など、乾いた粒子などが原因でも起こる視界不良の状態のことを呼びます。しかし特に定義がないため、気象用語としては用いられていません。ちなみに、「霞」の雨冠の下の部分は、仮面の「仮」の原字で、ベールのように物を隠すことを意味するようです。

霧が発生するしくみと霧の種類

空気中の水蒸気が冷やされて水滴となったものが霧ですが、その冷やされ方によって、呼び名が変わります。夜間の放射冷却によって、地表面が冷やされて発生するものを「放射霧」と呼びます。成田空港では年間50日くらい霧が発生するといわれており、頻繁に放射霧で空港が包まれます。放射霧は短命で、日が昇ると1～3時間のうちに消えてしまいます。

一方で、濃くて長続きする、やっかいな霧が「移流霧」です。暖かく湿った空気が、冷たい地表面や海上を吹くことにより発生します。春から夏にかけて、北日本の太平洋側でよく見られるのですが、紫雲丸事故の原因となった霧も移流霧でした。

さらに、移流霧のときとは逆に、暖かい水面に冷たい空気が流れ込んで発生するのが、「蒸気霧」です。お風呂の湯気のように、水面からもやもやとした蒸気が立つのが特徴で、冬の日本海でよく起こります。このほかに、空気が山を吹き上げることで冷却され発生する「滑昇霧」や、暖気と寒気がぶつかる前線上に起きる「前線霧」などがあります。

霧が作り出した世界遺産

漁船や船舶にとっては大迷惑な霧ですが、この霧のおかげで潤う土地もあります。

ユネスコの世界遺産に登録されている、大西洋に浮かぶカナリア諸島は、霧によって太古の自然環境がそのまま残されています。カナリア諸島は、海から湿った空気が絶えず流入し、年中霧がかかり続けているため、約６５００万年前のような環境が保たれ続けているのです。島には照葉樹やシダをはじめとした多くの固有種を含む植生が、今も変わらずに残されています。

また、同じくユネスコの世界自然遺産である鹿児島県・屋久島でも、年中霧が発生するために独特の自然環境が育まれ、樹齢数千年という長寿の縄文杉が生い茂っています。さらに近年では、竹田城（兵庫県朝来市《あさご》）のように、霧を観光資源とする史跡も生まれています。

5

＊＊＊＊＊

霜柱はどうやってできるの？

以前、鳥取県出身の人が「霜柱を見たことがない」と言っていました。実は鳥取県は、砂丘が有名なことからもわかるように、地質が砂のように粗いため、霜柱ができにくいのです。雪が降るような寒い場所でも霜柱ができるとは限らないのです。

権威も舌を巻いた、女学生の霜柱研究

雪の博士・中谷宇吉郎氏は、ある霜柱の研究を目にして、思いがけない感動を覚えたと述べています。それは、1930年代に、自由学園という学校の女子学生がまとめた研究でした。その内容は科学者も舌を巻くほどの見事なもので、彼女たちは霜柱の成長速度と土の中の水分との関係を調べるために、極寒の中を徹夜して1時間ごとに計測をしたり、活性炭の粉や寒天などを使って人工的に霜柱を作成したりしていたのです。中谷氏は「純粋な興味」と「直観的な推理」で構成された「広く天下に紹介すべき貴重な文献」であると称賛しました。彼女たちの研究は、その後の霜の研究にも大きな影響を与えたほどです。

霜柱とは

「霜柱」とは、土中の水分が凍ってできた、柱状の氷のことです。初冬から早春にかけて発生し、長いものだと10センチくらいにもなります。一方、「霜」とは、0℃以下に冷えた物体の表面に、空気中の水蒸気が氷の結晶として付着したものです。霜は、気温が下がれば発生しますが、霜柱は、温度と土壌が共に条件を満たしたときにしか発生しないため、世界的に珍しい現象とされています。

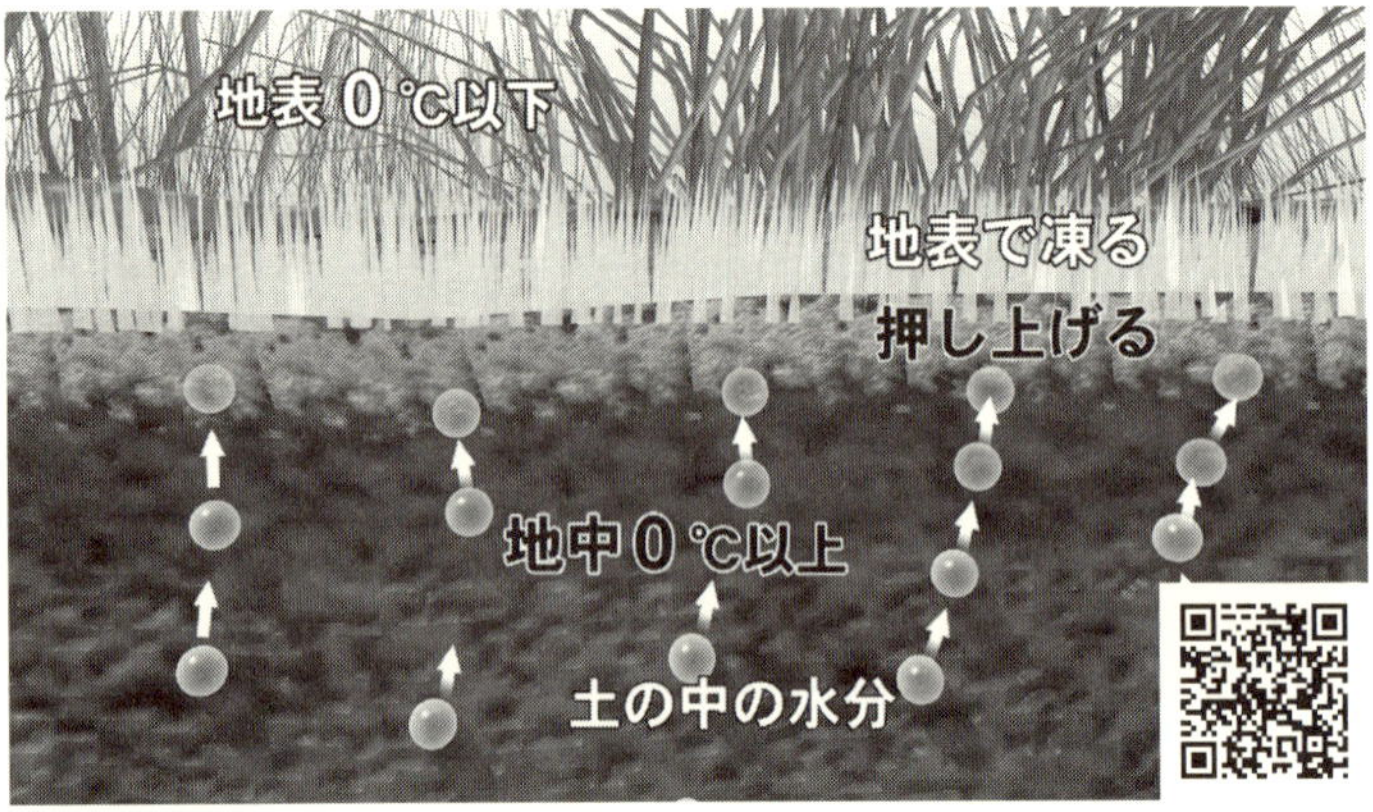

図2・6　霜柱のできかた

霜柱の必要条件① 温度

霜柱ができるのは、地表面の温度が0℃以下で、地中の温度が0℃以上のときです。この状態では、まず地表面の土の水分が凍ります。地表面に薄い氷ができると、地表面の水分を補うようにして、土中の凍っていない水分が、地中から地表面に上がってきます。そして地表面で、氷点下の温度で冷やされて凍ります。この過程を何度も繰り返すうちに、霜柱になるのです（**図2・6**）。

このような水分が這い上がっていく現象を「毛細管現象」と呼びます。

霜柱の必要条件② 土壌

毛細管現象は、土が硬かったり、粒子が荒すぎたり、逆に細かすぎたりすると起こりづらくなります。この厳しい条件を満たしているのが、火山灰由来の関東ローム層なのです。このため関東の人にとっては、霜柱は珍しくない現象ですが、関西の人にとってはあまり馴染みがありません。

ちなみに、先の自由学園の女子学生たちも研究の中で、霜柱は特に赤土でできやすく、その理由が粒子の大きさによるものだと突き止めています。さらに、わざわざドイツから土を取り寄せて、霜柱ができるか実験を行ったりもしているのです。彼女たちは現代なら「リケジョ」と称賛されることでしょう。

減少傾向にある霜柱

しかし近年、霜柱ができやすい関東でも、その発生は減ってきています。この理由としては、都市化による冬季の気温上昇、アスファルトで舗装されたことによる土の露出の減少が挙げられます。子供の頃、霜柱を見つけては、ざくざくと踏みしめて遊んだ経験を若い人に話すと、不思議な顔で「霜柱を見たことすらない」と言われます。霜柱を知っているかどうかで世代の違いを感じる時代になりました。

6
＊＊＊＊＊
集中豪雨はなぜ起こるの？

雨には、しとしとと広範囲で降るものと、局地的に強く降るものとがあります。局地的な雨は、雨のもとである水蒸気を周りから一点に集めて豪雨をもたらします。つまり、狭い範囲だからこそ、雨は強く降るといえます。

南アフリカの「雨の女王」

南アフリカに暮らすバロヴェデュ族には、「レイン・クイーン」と呼ばれる女王がいます。この女王は、雨をコントロールする力を持ち、豊作のために雨を降らせたり、敵からの侵略を防ぐために、洪水や氾濫を起こしたりすることができると信じられているのです。女王の家系は200年以上前にも遡ることができ、神々と交信して、雨を降らせる力を次の女王へと伝承しているそうです。近年、豪雨が多発している日本にも、このように降雨を調節できる女王がいればと思ってしまいます。

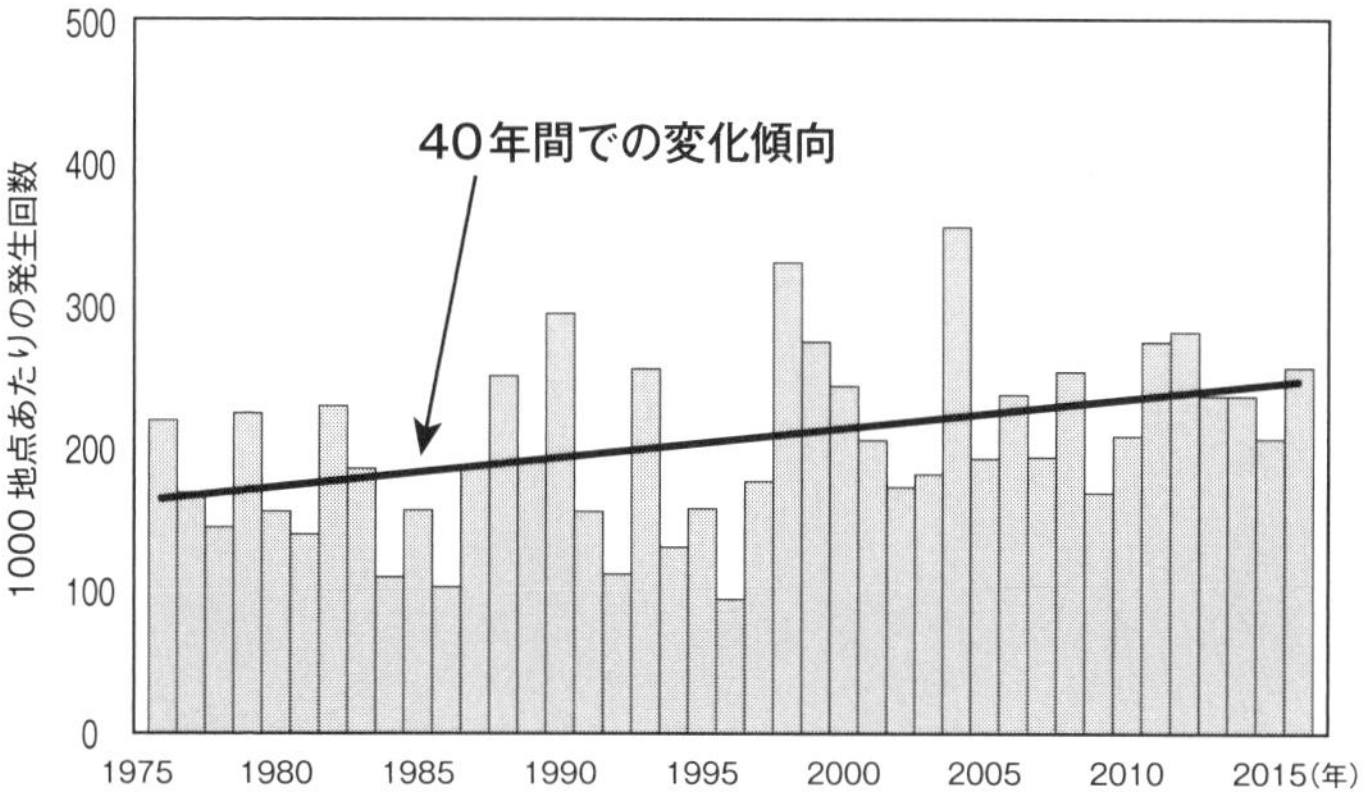

図2・7　1時間降水量50ミリ以上の年間発生回数（出典：気象庁）

増える局地的大雨

国内でも増加の一途にある、短時間に局地的に降る雨のことを「局地的大雨」と呼びます。気象庁の資料によると、国内では1時間50ミリを超える大雨の回数が、40年ほど前に比べて約1・5倍に増えています（**図2・7**）。この傾向は日本だけの話ではなく、シンガポール、ニューヨーク、ロンドンといった、世界の大都市でも同じような変化が見られています。

集中豪雨とは

一方、局地的大雨よりも長い時間、同じ場所で起こる大雨のことを「集中豪雨」と呼びます。2014年8月に戦後最悪の土砂災害を引き起こした「広島豪雨」や、2015年9月に鬼怒川流域で大規模な洪水を引き起こした「関東・東北豪雨」がその例で、数時間にわたって雨が降り続いたために、災害史上に残るような大規模な被害が生じてしまいました。

集中豪雨が発生するしくみ

大雨を降らせる積乱雲の寿命は、ほぼ1時間くらいなのに、このような集中豪雨では、なぜ同じ場所に何時間も大雨が降り続くのでしょうか。

広島豪雨を例に見てみましょう。豪雨が発生した際のレーダー（**図2・8**）には、縦に伸びる線状の雨域（線状降水帯）が見えますが、これが3時間ほど広島にかかり続けていました。

このとき南から暖かく湿った空気が吹き込んで、それが中国山地にぶつかり、積乱雲が発生

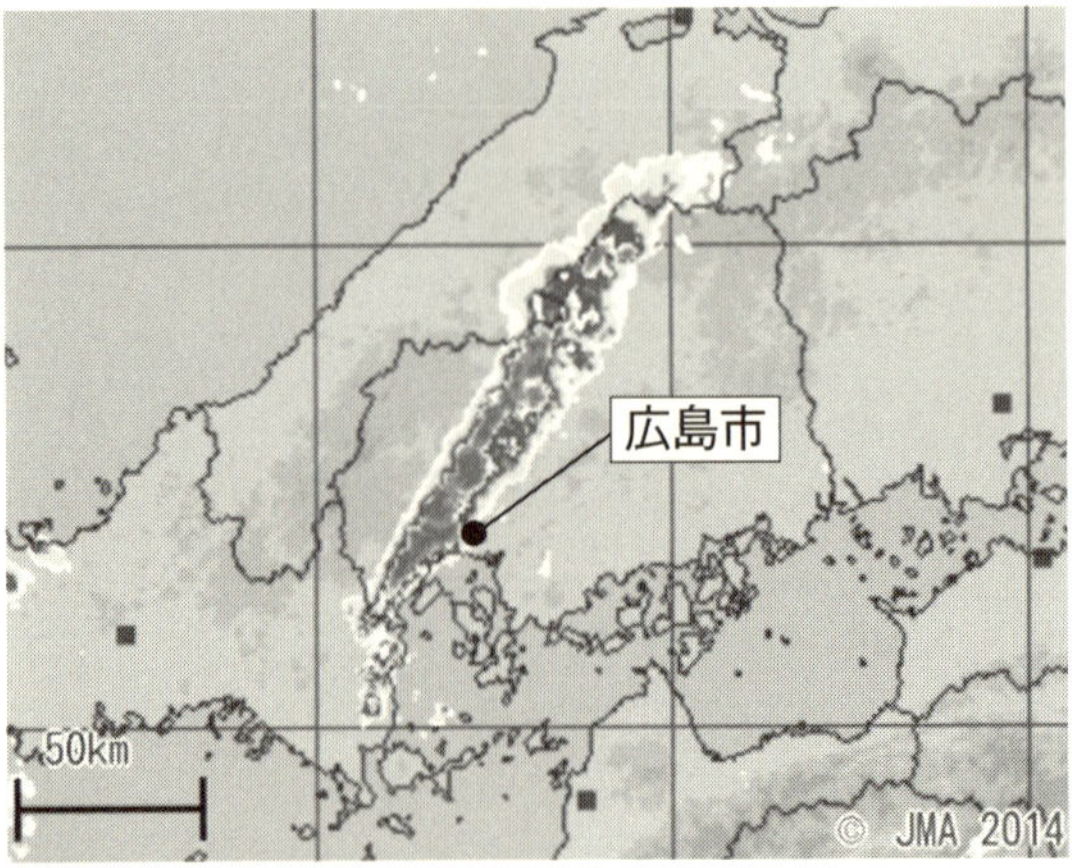

図2・8　広島豪雨の際のレーダー（2014年8月20日）（出典：気象庁）

図2・9　線状降水帯のしくみ

しました。通常なら、その雲は上空の風に流されて移動しますが、その後も同じように山に南風がぶつかって、次々と積乱雲が発生したのです。そのため、一つの積乱雲の寿命は短いのに、次から次へと同じ場所で積乱雲が発生し、しかも同じコースで雲が進んだため、その通り道となった地域に大雨が降り続きました（**図2・9**）。この結果、広島市では3時間で220ミリという前代未聞の大雨となってしまいました。

こうした現象は、雲の進行方向の後方に新しい雲が次々と形成されることから、「バックビルディング」と呼ばれています。

「ゲリラ豪雨」

ところで、最近よく耳にする「ゲリラ豪雨」という言葉ですが、もともとはベトナム戦争中に行われた奇襲作戦などの「ゲリラ戦」と、予想が難しい局地的大雨とをなぞらえて、1960年代から使われるようになりました。その後2008年頃から、再びマスコミで頻繁に使用されるようになっています。しかし戦争を想起させる用語を天気に用いるのはいかがなものかということで、使用を控えた方がいいという意見も出てきています。

昔の人もまた、突然降る雨に対して、「鬼雨（きう）」「山賊雨」などの洒落た名前をつけていたようです。これならまだ可愛いものですが、老婆が驚くほどの強い雨という意味から、「婆婆おどし」などという恐喝めいたネーミングまであります。「ゲリラ豪雨」に負けない、なかなかのインパクトが感じられます。

7 高潮はなぜ起こるの？

台風災害で最も恐ろしいのは高潮です。日本では1959年の伊勢湾台風のときに大規模な高潮が発生しましたが、このとき、貯木場の丸太が流れだし、それが多くの家屋を破壊したため、屋根の上に登って避難していた人々が暗闇の中、海水に飲み込まれてしまいました。

フィリピンで起きた悲劇

「MOTTAINAI（もったいない）」「UMAMI（旨み）」「TSUNAMI（津波）」などのように、海外には相当する言葉がないため、日本語の呼称がそのまま海外で使用されることがあります。

2013年、フィリピンにおいて、台風30号（ハイエン）が引き起こした巨大な高潮は、6千人以上が亡くなる大災害となりました。もともとフィリピンには「高潮」に相当する言葉がなく、このときも気象当局は、英語の「Storm Surge（ストームサージ）」という言葉を用いて警告していました。しかし、「ストームサージ」の意味を知らない人も多く、それを危険なものと判断できなかったために、逃げ遅れた人がたくさんいたのです。

被災者のなかには、2011年の東日本大震災の津波の映像を見ていた人もおり、「もし〝ストームサージ〟ではなく、〝津波〟が来ると言ってくれたら逃げていたのに」と述べていたそうです。

高潮は津波と似た特徴を持っているために、「風津波」「暴風津波」とも呼ばれます。しかし、津波が地震や火山などによって海面全体が上昇するのに対し、高潮の原因は天気や天文現象にあります。

図2・10　高潮が発生するしくみ

高潮が発生するしくみ

高潮を発生させる気象的な原因は、大きく分けて二つあります。

一つは気圧の変化です。海面の圧力（水圧）とその上空の圧力（気圧）は釣り合っていますが、気圧が通常よりも低くなると、その分水圧が勝って、海面が上昇します。その割合は、1ヘクトパスカルあたり1センチです。例えば、950ヘクトパスカルの台風が海上にあるとすると、通常の気圧（1013ヘクトパスカル＝1気圧）との差は63ヘクトパスカルとなり、海面が63センチ上昇することになります。これを「吸い上げ効果」と呼びます（**図2・10**）。

もう一つは風の影響です。風によって海水が風下方向に吹き寄せられて海面が上昇することを

「吹き寄せ効果」と呼びます。特にV字型の湾の奥部では、海面が顕著に高くなる傾向があり、三陸沖のリアス式海岸のような地形では、より海面が上昇しやすくなります。

日本での高潮の被害

高潮は海水が壁のようにどっと押し寄せる現象のため、浸水被害が大きくなることがあります。国内で最も高い高潮の記録は、1959年の伊勢湾台風の際の3・89メートル（名古屋港）です。内陸にまで水が達し、死者・行方不明者は5千人以上に上りました。

気象庁などによる伊勢湾台風についての予測はほぼ正確で、台風が接近する数日前から警戒を呼びかけていたのですが、台風が湾奥部に接近して海面が異常に上昇したことと、十分な高さの堤防がなかったこと、そして地下水の汲み上げすぎによって地盤沈下が起きていたことなどから、空前の高潮被害が発生してしまったのです。

海外での高潮の被害

一方、世界で最も被害の大きかった高潮は、1970年にバングラデシュ（当時、東パキスタン）を襲ったサイクロン・ボラによるものです。このときは10メートルを超える高潮が発生し、推定30万人から55万人が亡くなったといわれています。

また、2005年アメリカ南部を襲ったハリケーン・カトリーナでは、8メートルもの高潮が発生し、ルイジアナ州やミシシッピ州などでは、死者・行方不明者が1800名以上に及んだともいわれています。

高潮によって甚大な被害が出た地域は、いずれも海抜が低く、湾に面していることが特徴です。残念なことに、東京、大阪、名古屋の三大都市圏は、高潮の被害に遭いやすい地形的特徴を有しています。高潮の被害を小さくするには、堤防の強化や強固な建物をつくる等のインフラ整備も重要ですが、高潮についての正確な情報発信と、その情報の受け手側の迅速な行動が大切なことは言うまでもありません。

3章 風のふしぎ

1 ＊＊＊＊＊ 風はなぜ吹くの？

気圧とは空気の密度のことです。空気は密度の高いところから、低いところに向って流れます。これに地球の自転によって働くコリオリの力が加わって、風の吹く方向が決まります。

風を作り出す力

女性が東京ドームに行くときは、スカートを履いていかない方が賢明です。ドーム内から外へ出るときに、強い追い風に煽られるからです。このような現象が起こるしくみは次のようになっています。

ドーム天井が膨らんだ状態を保てるように、ドーム内の気圧を外よりも０・３パーセント

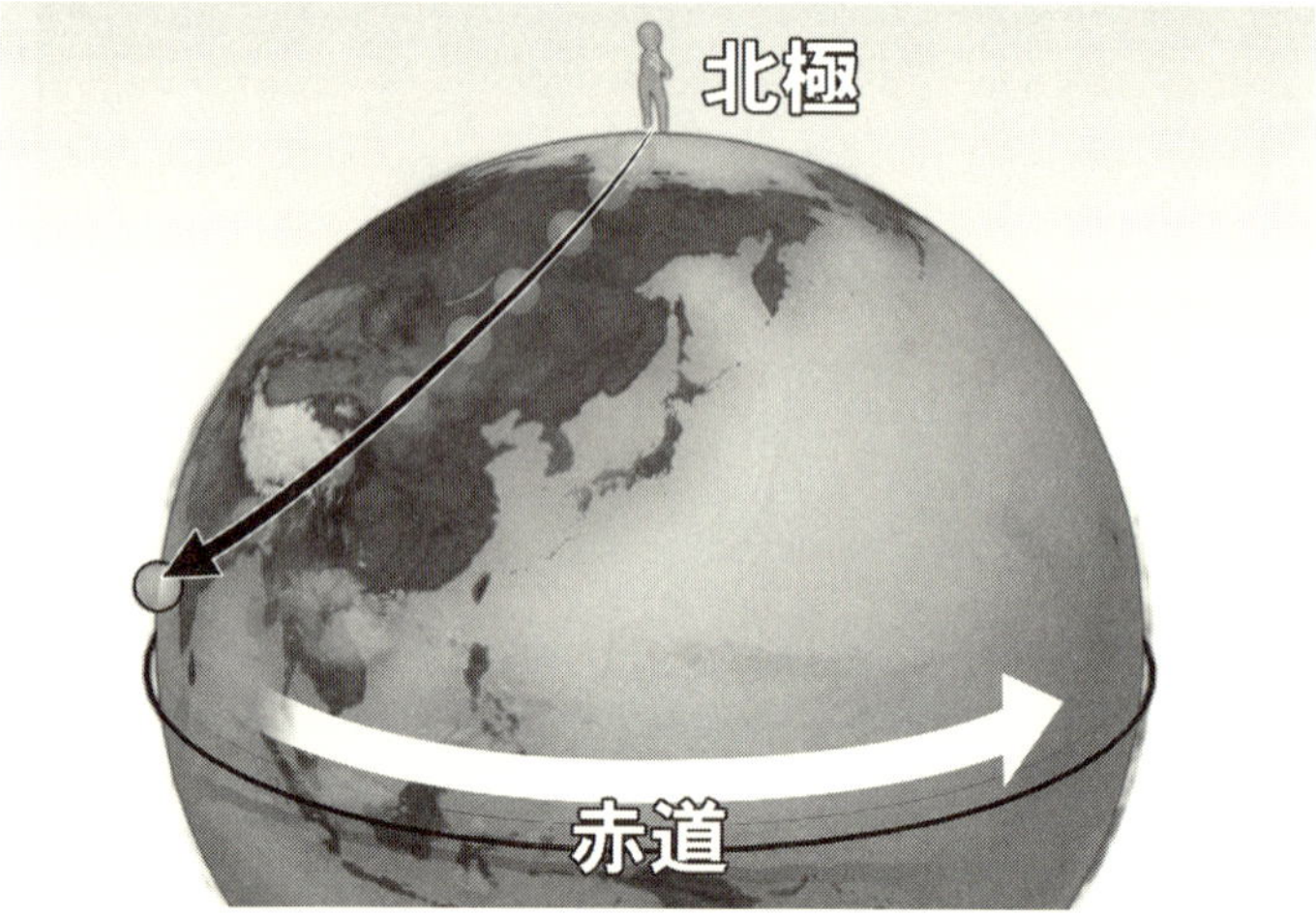

図3・1　コリオリの力

（3ヘクトパスカル）ほど高くしています。

風は気圧の高いところから低いところに向かって吹くため、ドーム内から外に出る際には、同じように吹く風に煽られるのです。このような気圧差が持つ力のことを「気圧傾度力」と呼び、気圧傾度が大きければ大きいほど、風は強く吹きます。

風向きを支配する力

このように、風は気圧の高い方から低い方に向かって吹きますが、地球規模の壮大なスケールの話になると、さらに「コリオリの力」という見えない力も風向きに影響してきます。このコリオリの力とは何でしょうか。

地球は1日に360度、反時計回りに、または西から東に回転しています。これを「自

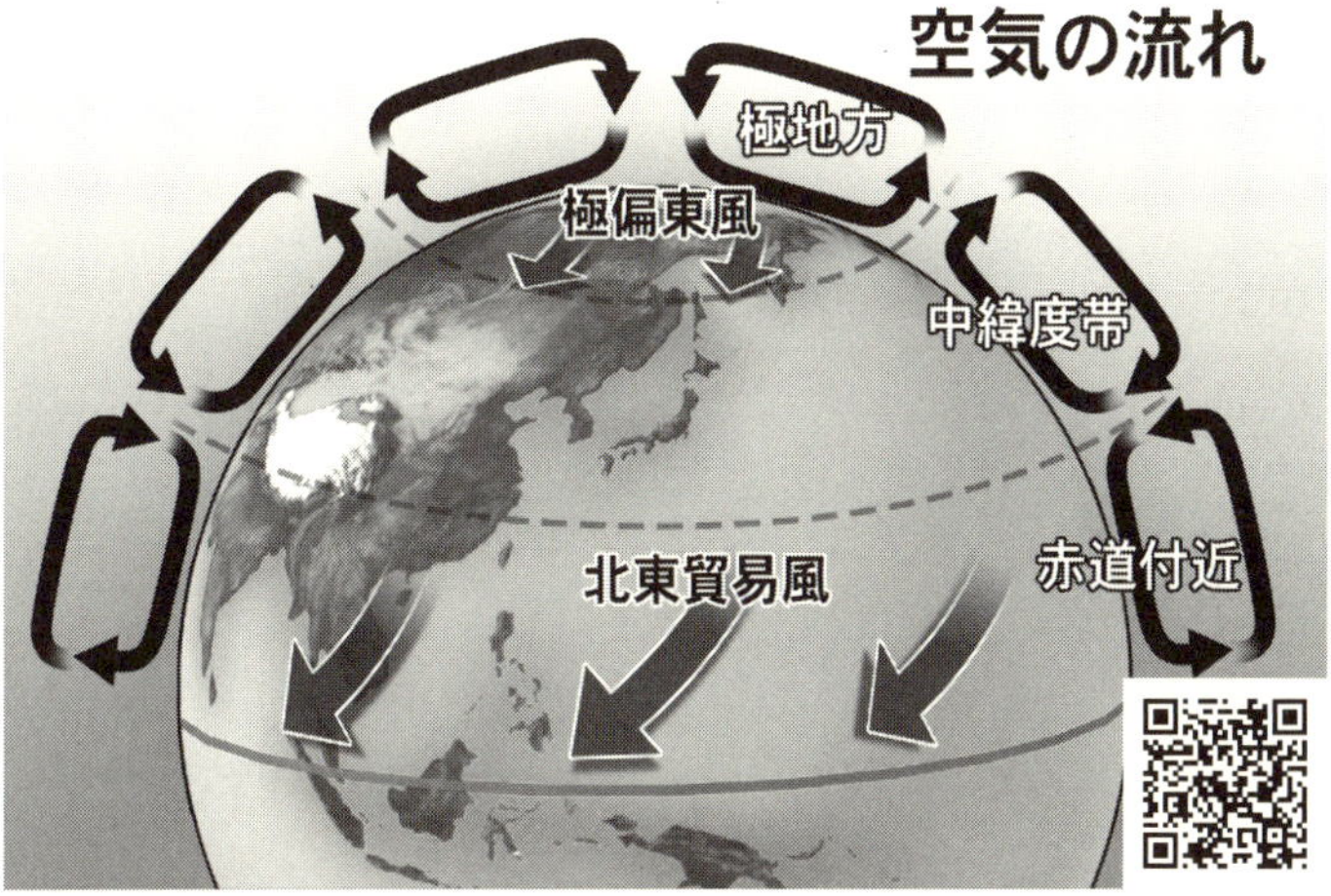

図3・2 大気の大循環

転」と呼びますが、回転する速度は場所によって異なります。例えば赤道では、その周囲が約4万キロなので、時速約1700キロ（4万キロ÷24時間）で動いていることになります。それに対して、北極点は「点」なので、速度は0です。このため、例えば北極点から日本に向けてボールを投げたとき、日本は地球の自転によって反時計回りに進んでおり、ボールが進行方向に対して右に曲がって動いているように見えます。このような、地球の自転が生んだ見かけの力のことを「コリオリの力」と呼びます（**図3・1**）。

大気の大循環

北半球には**図3・2**のように鉛直方向に吹く3種類の大きな風の流れがあります。これらの風の流れは次のようにして生じます。

赤道付近では、太陽がほぼ真上から照らしているので空気が暖まって上昇気流が起き、気圧が低い低圧部となります。

一方、上昇した空気は北へと運ばれて、中緯度帯で下降するため、この地域は気圧が高い高圧部となります。そのため、中緯度帯にはサハラ砂漠などの非常に乾燥した土地が広がっています。さらに地上に下降した空気は、赤道に向かって南に吹くときにコリオリの力の影響を受けて、右向きに曲げられて北東風（貿易風）となります。

それに対して、極地方は1年中冷たく重い空気に覆われているため、地表の気圧が高くなっています。そこから南に吹き出した風もコリオリの力の影響を受けて、中緯度帯に向かって吹く東風（極偏東風）となるのです。

2 ＊＊＊＊＊ 季節風って何？

気象現象は太陽によって支配されています。太陽の熱が多く届く場所が夏、少ししか届かない場所が冬です。シベリア大陸では、9月を過ぎると急速に冷えてきます。その冷えた空気が、やがて北風となって日本の夏を追い出していくのです。この風のことを「季節風」と呼びます。

東京都心に漂う磯の香り

最近、夏の夜に東京都心で磯の香りがすると話題になることがあります。東京は海に近いため、おかしなことではないようにも思えますが、実はかなり不思議な現象なのです。

海と陸とでは、その温まりやすさが違い、太陽光がたっぷり当たる昼間は、海よりも陸の温度の方が上がります。水よりも土の方が温まりやすいからです。

夏の昼間、陸の空気が温められることで軽くなって上昇気流が起こり、その上昇した空気を補うために、海から空気が流れ込みます。このときに吹く風を「海風」と呼びます。夜間にはこれと逆の現象が起こり、冷めやすい陸から、暖かい海に向かって風が流れ込みます。

これを「陸風」と呼びます。

したがって、陸風が吹く夜間は、海風によって磯の香りがすることはないはずなのです。しかし、最近の東京都心では、ヒートアイランドなどによって、夜間も陸の気温が高くなっているために、海風によって磯の香りがするというのです。

このように、1日の気温の変化によって海風と陸風が起こりますが、さらに長い期間でも風の変化が起こります。季節ごとに風向きが変わる風を「季節風」または「モンスーン」と呼びます。ちなみに「モンスーン」の語源は、アラビア語の「季節」です。

モンスーンのしくみ

世界の季節風のなかでも、特に有名なインドのモンスーンを見てみましょう。太陽光が降り注ぐ夏は、陸地の気温もぐんぐん上がり、周囲の海よりも温度が高くなります。このため、大陸では上昇気流が起こり、上昇した空気を補うようにインド洋から南風が吹き込みます。これが夏のモンスーンで、この南風はインド洋の湿気をたくさん含んでいるため、大雨をもたらします。反対に冬は、放射冷却などによって気温が下がった大陸から、暖かいインド洋に向かって、冷たく乾いた北風が吹き込みます。

同じようなことが日本の周辺でも起きています。日本列島は東と南に広大な太平洋が広がり、西にはユーラシア大陸という巨大な陸地があるため、季節風の影響を大きく受けます。夏は暖かな大陸に向かって、海からの南風が吹き込み、冬は暖かな海に向かって、大陸からの冷たい北風が吹き込みます（**図3・3**）。東京の気候が、緯度のわりに夏暑くて冬寒いのは、この季節風の影響です。

モンスーンがもたらす恵みの雨

モンスーンは風だけではなく、雨の恵みももたらします。

インドのモンスーンは、5月ごろから南部で吹き始め、夏にかけて、徐々に北上していきます。湿った空気の影響で、日中の大気は不安定になり、雷雨を伴ったスコールが毎日のように降ります。その後モンスーンはさらに北上を続け、6～8月頃に北のヒマラヤ山脈にぶつかり、山麓や山間部の街に大雨を降らせます。

インド北東部のチェラプンジは、ちょうどモンスーンの風がヒマラヤ山脈にぶつかる場所に位置するため、世界有数の豪雨地帯となっています。1860年8月から1861年7月にかけての1年間には、なんと2万6千ミリもの雨が降り、現在でも12ヶ月間の雨量としては、世界一の記録となっています。

（1）夏

（2）冬

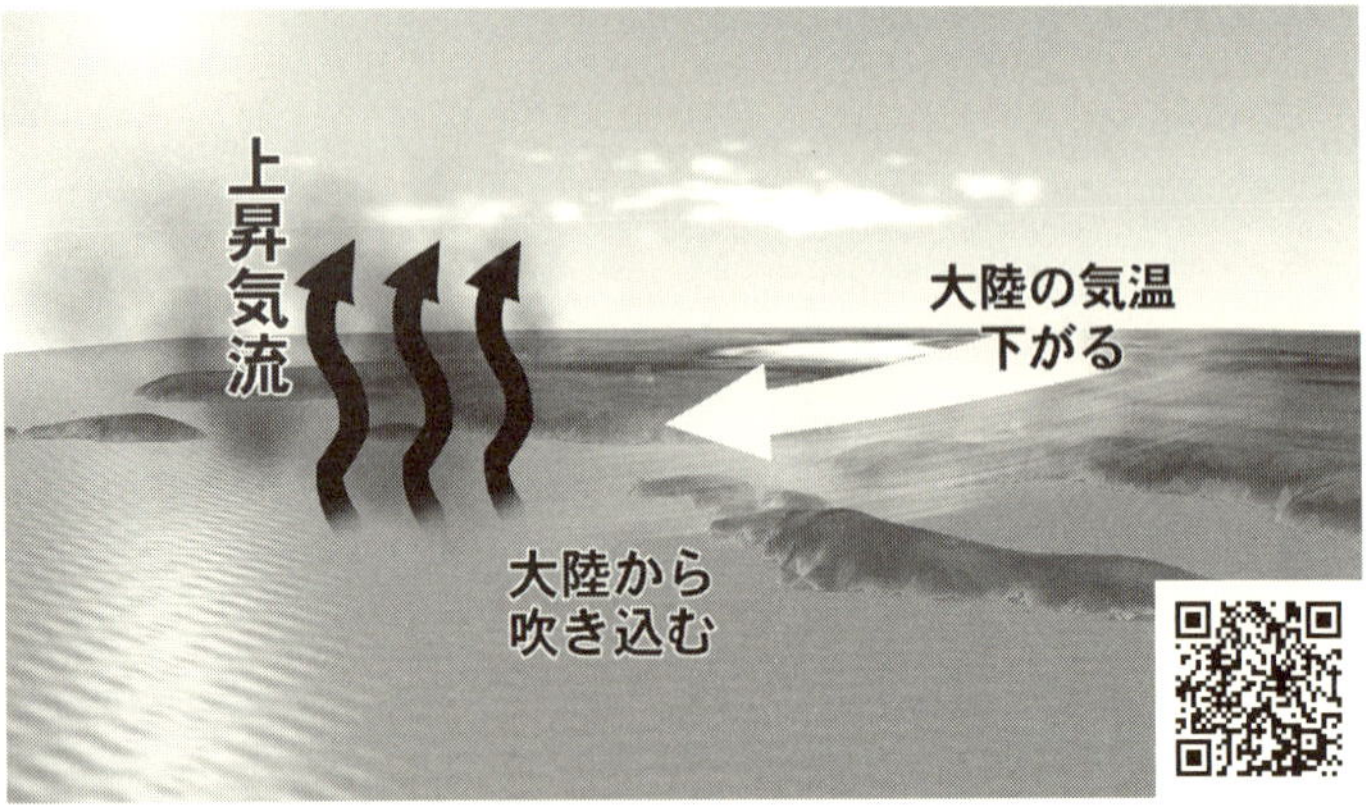

図3・3　季節風のしくみ

モンスーンとインド経済

インドの年間降水量の約7割がこのモンスーンの時期に降り、さらに国民の約5割が農業に従事しているインドでは、その経済がモンスーンに支配されているといっても過言ではありません。モンスーンの雨が多いと、農業生産量が増え、さらに水力発電に関わる産業も活気付くことから、景気が良くなるといわれます。このため、モンスーンの雨量が多いことが予想されると、インドの株価が上がる傾向もあるようです。

今から100年以上も前に、「インドの財政はモンスーンギャンブル」と言った政治家がいたそうですが、インドのふところ具合はモンスーン期の雨の降りかたに大きく左右されるのです。

3 ジェット気流って何？

かつて、ヘリウム風船で太平洋を横断しようとした人がいました。当時「風船おじさん」と呼ばれ、マスコミにも大きく取り上げられましたが、風船おじさんは宮城県金華山沖で消息不明となってしまいました。風船おじさんは、上空を吹くジェット気流に乗ってアメリカに到達する計画だったようですが、ジェット気流とはどのようなものでしょうか。

ジェット気流に乗って短時間飛行

2015年1月、ニューヨーク発ロンドン行きのブリティッシュ・エアウェイズの旅客機が、大西洋横断路線の最速記録を更新しました。上空の風に乗り、音速とほぼ同じ時速1200キロというスピードで飛んだため、通常6時間30分かかるところを、たったの5時間16分で飛んでしまったのです。この記録的な短時間飛行に、乗客やクルーは喜んだでしょうが、帰路は向かい風になるので、のんびりしたフライトになってしまったかもしれません。

この記録を生んだ上空の風のことを「ジェット気流」と呼びます（**図3・4**）。ジェット

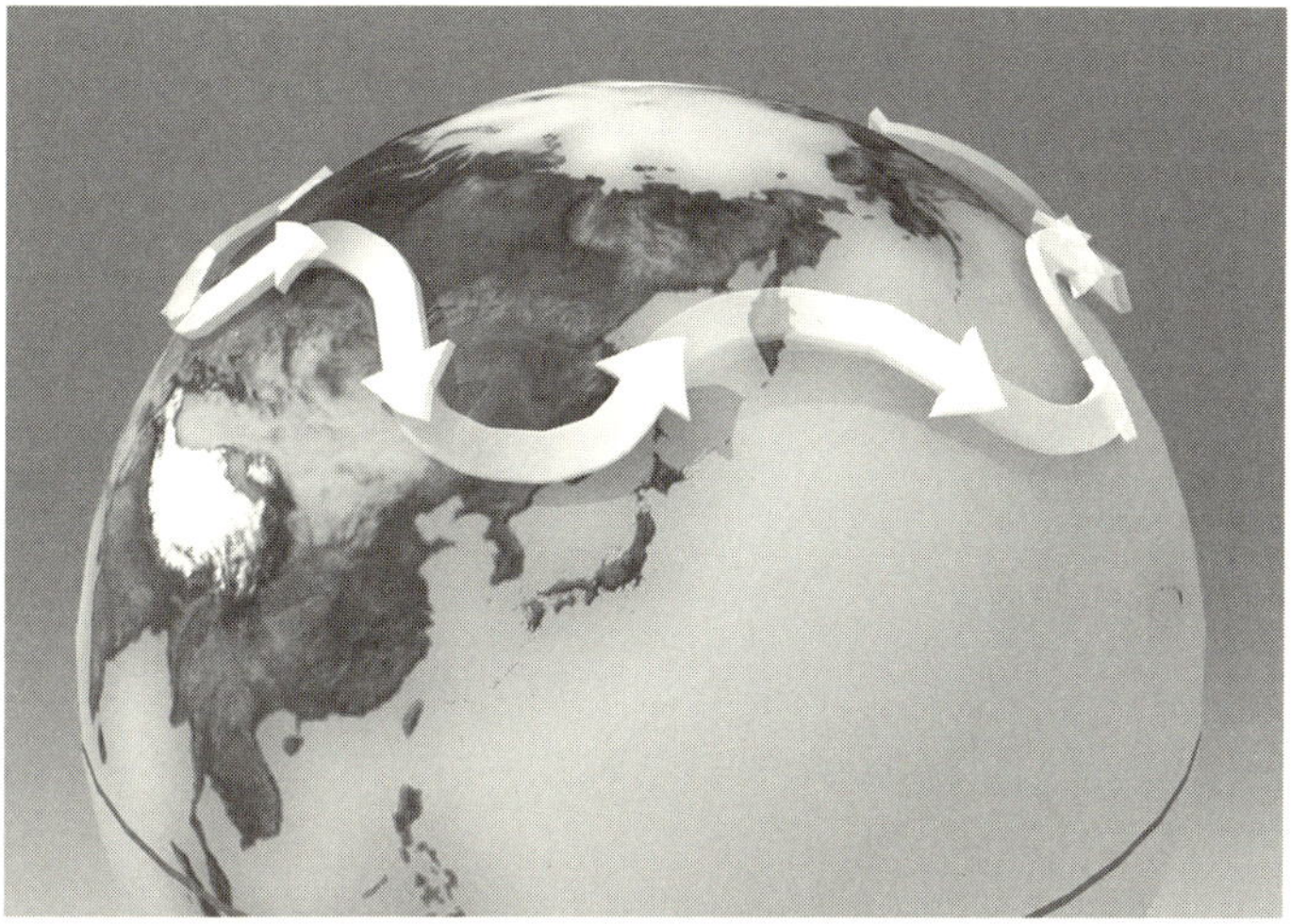

図3・4　ジェット気流

気流とは地球を取り巻くように、高度10キロ付近を秒速100メートル前後で吹いている風のことです。なぜ名前にジェットが付くかというと、この気流が、ジェット機のエンジンから出される、高速な空気の流れに似ているからです。

ジェット気流の発見

気象学の本によっては、アメリカのパイロットがジェット気流を最初に発見したと書かれているものもありますが、実はそうではないようです。本当の最初の発見者は、ある日本人気象学者でした。

元高層気象台長の大石和三郎氏（1874～1950年）は、1926年に高度9キロにおいて、70メートルの強風を観測し、それを論文で発表しました。これが事実上、世界初のジェット気流の発見であり、世界的快挙となるはずでした。しかし残念ながら、そうはならなかったのです。

実は当時、日本はまだ科学の先進国ではなかったため、この論文は海外の研究者の目にとまりませんでした。さらに、大石氏がエスペラント語という言語に訳して発表したことから、多くの研究者が論文の内容を理解できなかったのです。このような不遇な理由から、彼の研究が日の目を見ることはありませんでした。のちに、二宮洸三氏（元気象庁長官）もこの事態を「大魚を釣り落とした」と揶揄しましたが、実にもったいない話です。

しかし、喜ばしいことに今日では、世界の多くの研究者が、ジェット気流を最初に発見したのは大石氏であると認識しているようです。大石氏も、時を経て努力が認められ、天国でほっと胸をなでおろしていることでしょう。

風船爆弾

ノーベルによるダイナマイトの発明が戦争に使われるなど、発明者の意図しない形で悲劇が生まれてしまうことがあります。ジェット気流の発見も同様に、第2次世界大戦において、日本軍の秘密兵器に応用されることになりました。それは風船爆弾です。

爆弾を付けた風船を空に放てば、その風船はジェット気流に乗って、数日後にはアメリカ本土に到達するだろうという、アナログ的な考え方から生まれた兵器が風船爆弾でした（**図3・5**）。これは「ふ号作戦」と名付けられ、約9千個もの風船爆弾が千葉・茨城・福島県東岸から放たれました。それらのうち、およそ1千個がアメリカやカナダの西海岸まで到達したと推定され、少なくとも6名の命を奪ったとされています。

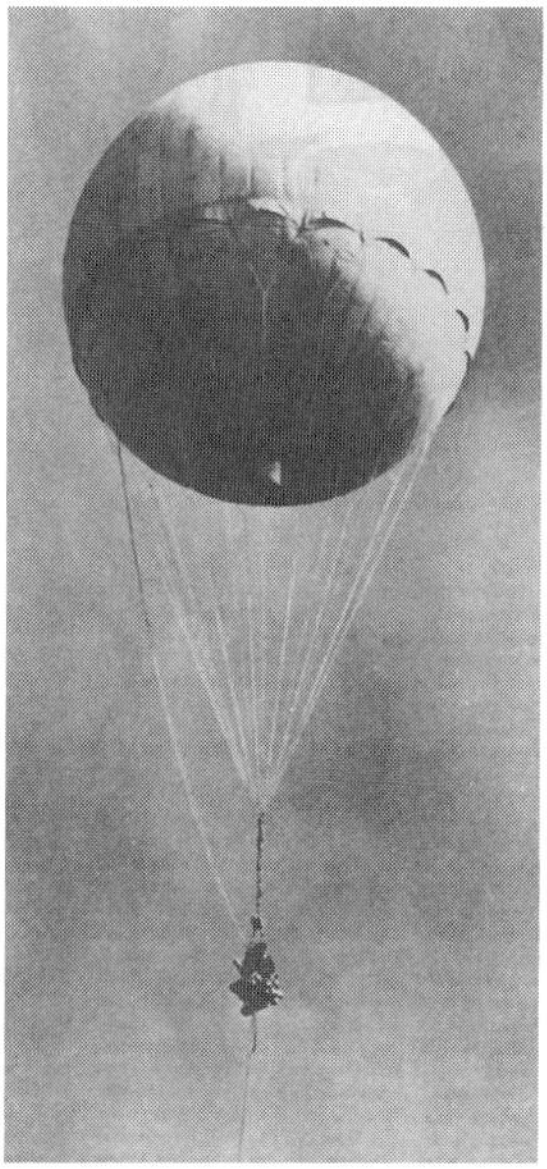

図3・5　風船爆弾

ジェット気流で発電

現在ではジェット気流の平和的な活用が試みられています。それは、ジェット気流を利用した風力発電という画期的な方法です。米・サンディエゴのスカイ・ウィンドパワー社は、高度1万メートルの上空に凧型の発電機を浮かばせるという取り組みに挑戦しています。ジェット気流による風が強いため発電量も大きく、また地上の風力発電のように鳥などの衝突もないなど、効率的で無害な空中発電所として、将来の実用化が期待されています。

4章 気温のふしぎ

1 夏暑くて冬寒いのはなぜ？

*****

「なぜ夏は暑くて冬は寒いの？」と子供に聞かれて、正確に答えられる人は意外と少ないのではないでしょうか。答えは、夏は太陽が真上から照らすけど、冬は太陽が斜めから照らすからです。1日のうちでも、太陽が斜めから照らす朝晩は気温が低く、真上から照らす昼間は気温が上がります。

日本人の好きな季節

インターネットでのアンケート調査「日本が誇れるものランキング」によると、2位の「電車が定時に到着する」を抑えて堂々の1位になったのは「四季がある」でした。この結果は、日本には季節の移ろいを大切に思っている人が多いということを表しているのでしょ

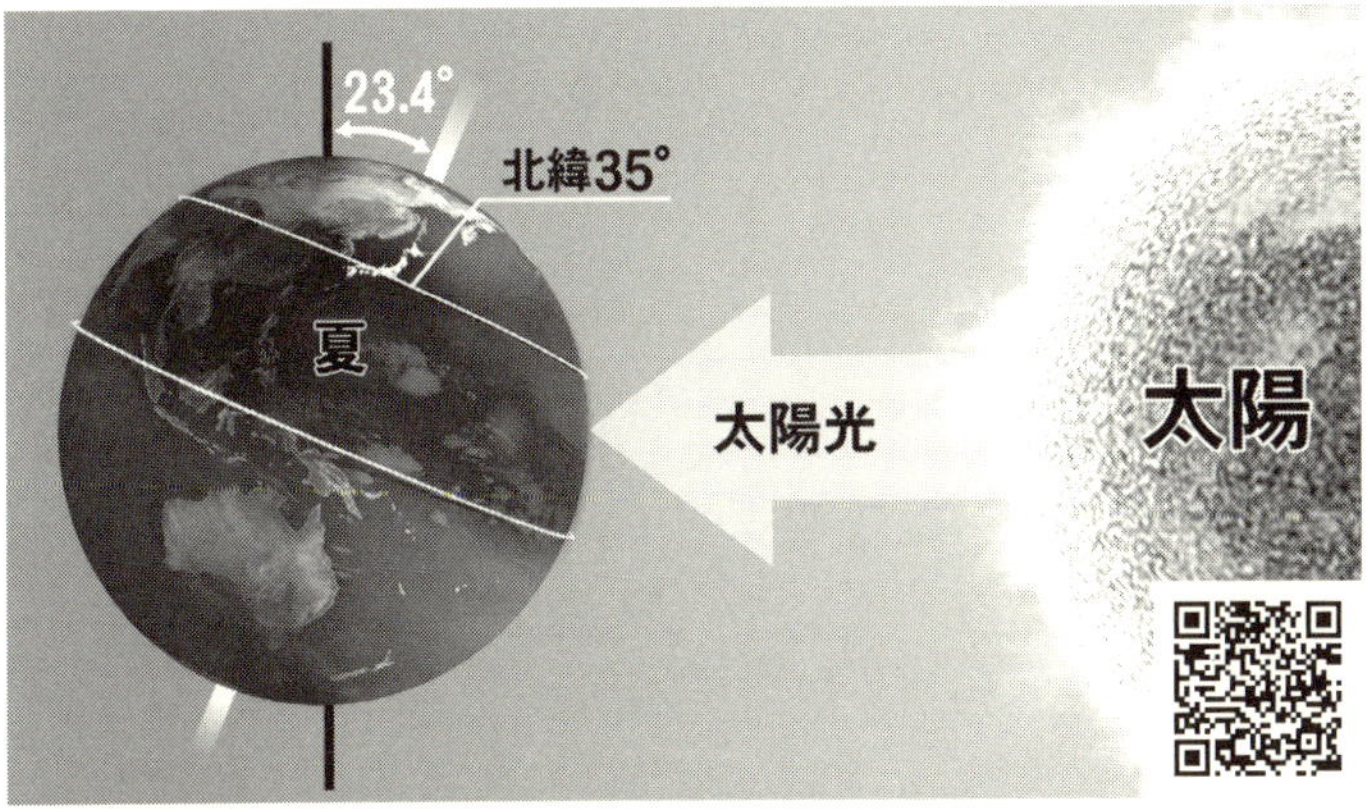

図4・1　地軸の傾きと季節

う。

一方、別の調査によると、好きな季節の1位は春、2位は秋、3位は夏、そして4位は冬となっていました。気温が極端な夏と冬は敬遠されがちなようです。

このように日本が誇る四季は、地球が絶妙に傾いていることから生まれます。この傾きが生命を生み出し、様々な気象現象を発生させ、そして私たちの生活リズムを作っているのです。

地軸の傾き23・4度

図4・1のように、北極から南極まで地球を串刺しにしたとします。この串を「地軸」と呼びます。地軸を23・4度傾けて1回転させると、これが1日になります（自転）。ちなみに、この回転速度は、赤道上で時速約1700キロとなります

（赤道の円周４万キロ／24時間＝時速１６６７キロ）。

そして次に、地球を３６５回転させながら、太陽の周りを１周させると、これが１年になります（公転）。こうすると１年のうちのいつかは、必ず地球上のどの部分も太陽光に照らされることがわかります。もし地軸が傾いていなかったら、北極と南極はいつも暗闇になってしまいますね。地軸の絶妙な傾きによって、地球全体が太陽光で照らし出されるのです。

太陽光と四季

それでは、なぜ日本には四季があるのでしょうか。北半球が広く太陽光に照らされる夏至と、南半球がより照らされる冬至を、東京（北緯35度）で比べてみます。夏至のとき、太陽は東京のほぼ真上（78度）から照らすのに対して、冬至のときは太陽が斜め（32度）から照らします。つまり、太陽光の照らす角度（入射角）が変わるのです。

これを実感する方法として、壁と垂直に懐中電灯の光を当ててみます。そのまま懐中電灯を傾けていくと、明るさは減るものの、照らされる面積が増えていくのがわかります。つまり、太陽エネルギーは、太陽が真上から照らす夏至には強く、反対に太陽が斜めから照らす冬至には弱くなるために、夏は暑く、冬は寒くなるのです。

さらに、夏至のときは、東京の昼間の長さは約14時間半、冬至だと10時間弱となり、そこには5時間もの差があります。この日照時間の長さの違いも、気温に変化を及ぼします。

太陽光発電と季節の関係

夏と冬では太陽光発電の発電量に差が出るのでしょうか。単純に考えると、日照時間が長く太陽エネルギーも大きい夏の方が、発電量も多くなるように思えますが、簡単にそうとは言い切れないようです。

一般的に家庭用として使用されているソーラーパネルは、内部にシリコン（半導体）が使われています。シリコンは表面温度が25℃を上回ると、逆に発電効率が落ちてしまいます。そのため、最も発電量が多くなる時期は、真夏ではなく3月から5月という春の時期になります。

ビジネスと季節

冬寒くて夏暑い家は過ごしづらいですが、産業界には「冬は寒いほど良し、夏は暑いほど良し」という言葉があります。それは、極端な気温の方が商品の需要を生み、売り上げが伸びるためです。

例えば猛暑のときは、エアコン、アイスクリーム、ビール、夏物衣料などがよく売れます。

投資家もそれをよく知っていて、猛暑の予報が出されると、関連する商品を製造・販売する会社の株価が上昇する傾向があります。しかし、その予報が外れると、「失望売り」といって株価が下落してしまいます。

そして猛暑を予報した気象関係者への風当たりも強くなったりするのですが、エアコンにしろ、ビールにしろ、予報が出る前から生産を始めないと売りどきの季節に間に合わないため、予報の当否は企業の業績にはあまり関係がないという説もあります。

2 放射冷却って何？

空気に含まれている水蒸気は、冷やされると水滴として姿を現す性質があります。冷たい海で空気が冷やされると「海霧」が、盆地などで冷たい空気が溜まると「盆地霧」が発生することがあります。また、あらゆる物質は自ら熱を出して冷えていく性質があり、これを「放射冷却」と呼びますが、この放射冷却によって生じる霧を「放射霧」と呼びます。

殺人霧の正体

1952年の冬のある日、第二次大戦復興下のロンドンは、濃い霧に包まれていました。石炭の大量燃焼による微細なチリや二酸化炭素、さらには有害物質の発生で、2~3メートル先も見えないほどでしたが、ロンドンの住民は気にしていませんでした。なぜなら、こうした霧はロンドンでは日常茶飯事のことだったからです。

しかし、その日だけは何かが違っていました。多くの住民が気管支炎や低酸素症を起こし、次々と病院へ運ばれ、多くの人が亡くなりました。その死者数は数日間で1万2千人にものぼったのです。

一体その日、ロンドンでは何が起きていたのでしょうか。

実は、勢力の強い高気圧が5日間にわたってロンドンを覆っており、放射冷却が強まって、大気の安定が続いていたのです。その結果、地表面付近の汚染物質を大量に含んだ空気が冷やされて重くなり、地表面付近にとどまりました。これが、大惨事をもたらした原因でした。

なお、スモーク(煙)とフォッグ(霧)からの造語である「スモッグ」という言葉を作ったのは、ロンドンで医師をしていたハロルド・デ・ボー氏で、この町の汚れた空気に対して名付けたといわれています。

図4・2　ノイシュヴァンシュタイン城を包む放射霧

放射冷却の要因

地球は、昼間は太陽からエネルギーを受け取り、夜間はその熱を宇宙に放出しています。雲は布団のような役割を果たしており、熱が地球から逃げるのを抑える働きをしているため、雲がないと地球から熱が逃げてしまいます。また風が弱いときも、大気が上下左右にかき混ぜられないため、気温が下がります。さらに、冷たい空気は重く、窪地にたまりやすいことから、盆地では放射冷却が強まるのです。

昨今、中国・北京の大気汚染が騒がれていますが、北京もまた四方を山に囲まれた盆地であり、そのような自然条件が大気汚染の一因になっているといえるでしょう。

放射霧

放射冷却が作るのは、スモッグのような有害な環境だけではありません。例えば、ディズニーの城のモデルとされる、ドイツのノイシュヴァンシュタイン城を包む放射霧のように、神秘的な景色も作り出します（**図4・2**）。人が霧を好むのは、こうした美しさや、物を一時的に「隠す」霧の神秘性もあるでしょう。

放射霧は太陽が空気を温める前の、日の出後1～3時間くらいで消えてしまう短時間の景色です。そうした希少価値もまた、多くの人を惹きつける要因といえるでしょう。

3 ＊＊＊＊＊ フェーン現象って何？

気象の世界には、計算によって予測できる現象が数多くあります。そのなかでも、フェーン現象による気温変化は簡単に値を求めることができます。このフェーン現象のしくみを理解できると、気象に対する理解が一気に深まるのではないでしょうか。

フェーンの漢字

「風炎（ふうえん）」という言葉を耳にしたことがありますか？一見、「風疹」や「痛風」の仲間かと思ってしまいますが、これはフェーン現象を意味しています。1920年頃に中央気象台長（現在の気象庁長官）を務めた岡田武松《たけまつ》氏が考案した言葉ですが、この当て字、実に巧妙に作られていると思います。そのまま読んでもフェーンのように読めるし、その意味としても炎のように高温をもたらす風という、フェーン現象の本質をついているからです。

フェーン現象とは、水蒸気を含む空気が山を越えたときに、風下側の気温が上昇する現象です。もともとフェーンは、ヨーロッパのアルプスを超えて吹き降りる暖かく乾いた局地風のことだったのですが、その後、世界的に使われるようになりました。

フェーン現象のしくみ

フェーン現象はどのようにして起こるのでしょうか。

湿った空気が西から吹いてきて、山にぶつかったとします。風は山肌に沿って急上昇し、雲ができます。そして山の西側で雨を降らせ、山の東側では乾いた空気が斜面に沿って流れ

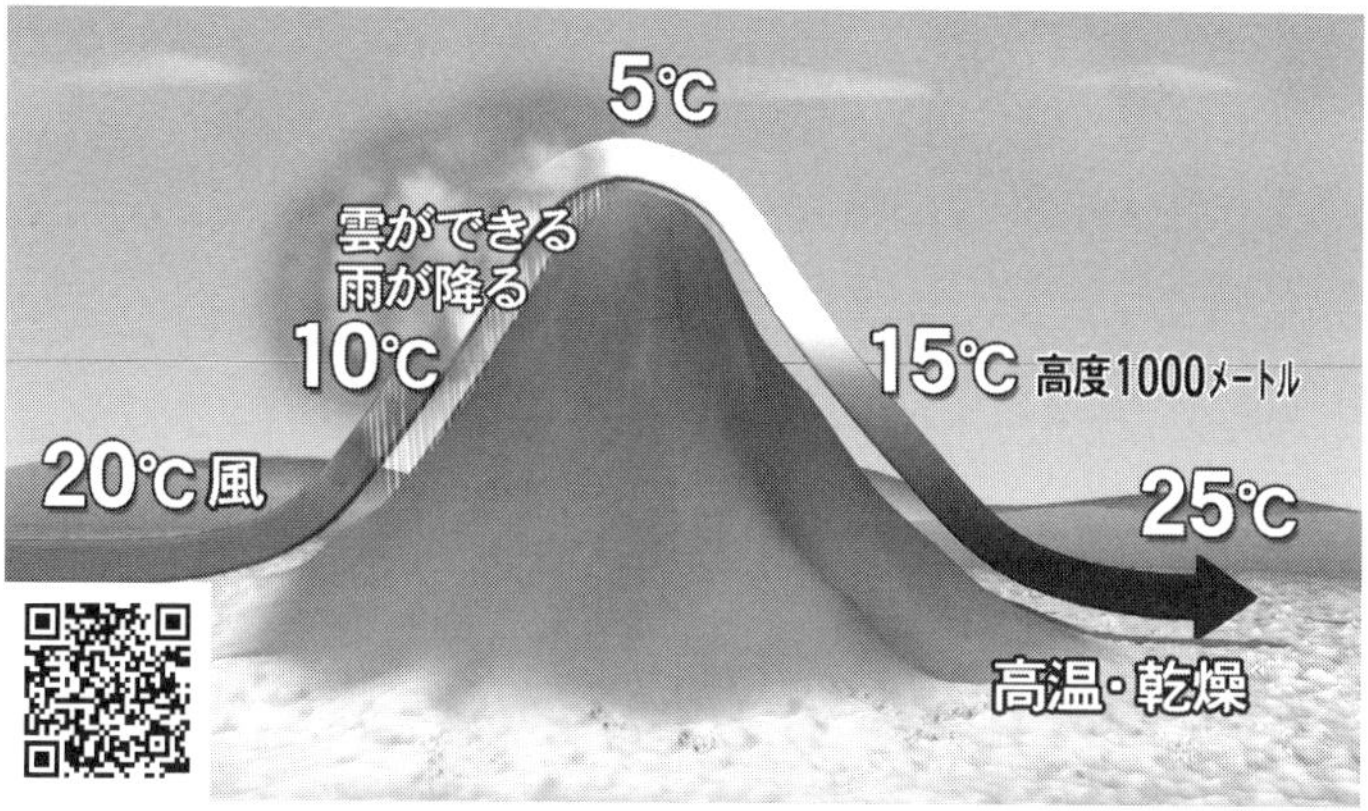

図4・3　フェーン現象のしくみ

ます。ここで重要なことは、乾燥した空気と湿った空気とでは、気温の変化が違うということです。乾燥した空気は1000メートル上がるごとに気温が約10℃下がりますが、湿った空気は水分が熱を出すため、5℃しか下がりません。この差が、山を隔てた東西で大きな差となるのです。

フェーン現象を計算する

例えば、**図4・3**のように、20℃の空気が標高2000メートルの山を西の方から駆け上がるとします。このとき、ちょうど1000メートルで雲ができ始め、2000メートルの頂上で雲に含まれる水分が雨となって全部降るものと仮定しましょう。1000メートルまでは乾燥空気なので10℃下がり、そこから上は1000メートルごとに5℃ずつ下がります。よって頂上の気温は20

℃−10℃−5℃=5℃となります。その後、今度は乾いた空気となって、山の東側に吹き下りるため、平地の気温は5℃+(2000メートル÷1000メートル×10℃)=25℃となります。つまり、山の東西で気温が5℃異なるのです。

こうした計算問題は、学校の試験や気象予報士試験でも頻繁に出題されています。フェーンだけにフヘーン(普遍)に使われているのですね(笑)。

驚愕の気温変化

1943年1月22日、米国北部サウスダコタ州の田舎町で信じられないような気温変化が起こりました。朝7時30分にマイナス20℃だった気温が、なんとその後の2分間で27℃も上昇し、7℃になってしまったのです。

この記録は世界一の昇温として認定されていますが、記録はそれだけでは終わりませんでした。その後、朝9時に12℃だった気温が、その27分後にはマイナス20℃まで下がってしまったのです。この無名な街は1日にして歴史に二つの記録を残すこととなりました。

この気温変化の原因は「チヌーク」と呼ばれる局地風が起こしたフェーン現象でした。ロッキー山脈を超えてきた高温で乾燥した空気「チヌーク」が、ふもとの街に吹き降りてきて気温が急上昇したのです。そしてチヌークが止むと、気温が急降下して、もとの気温に戻ったのでした。

国内での異常高温

日本でもフェーン現象による異常高温は度々観測されています。歴代の記録となっている高温は、ほとんどの場合、フェーン現象によって起きています。例えば、2016年時点の国内最高気温である、2013年に高知県四万十市で観測された41℃や、それまでの国内最高気温であった、1933年の山形市の40・8℃も、フェーン現象がその一因です。

1952年4月に起きた「鳥取大火」では、空き家から発した出火がフェーン現象の風で瞬く間に広がり、鳥取市の市街地が壊滅状態となりました。この火災による被災者は2万人以上にのぼり、また5千棟以上の家屋が焼失しました。

4 ヒートアイランドって何？

*****

地球温暖化とヒートアイランドが同じ問題として話されることがありますが、両者の原因は異なります。地球温暖化では二酸化炭素などの温室効果ガスが増えることにより地球全体が影響を受けます。それに対してヒートアイランドは、ピンポイントで都市の気温が上がる現象です。したがって、ある意味では、ヒートアイランドの方が対策を取りやすいともいえるでしょう。

ヒートアイランドで飛行機が揺れる

齋藤武雄氏の『ヒートアイランド』（講談社ブルーバックス）によると、今から約50年前に、イギリスから日本に導入された旅客機のキャッチフレーズに「テーブルの上にタバコが立つほど静かで振動が少ない」というものがあったそうです。この旅客機はそれほど揺れずに飛行できる機体だったのです。しかし、その飛行機が夜間に東京の都市地域に近づくとき、「タバコが立たない」というクレームを受けたということです。

この飛行機の揺れの原因はヒートアイランドでした。都市地域では人間活動により気温が

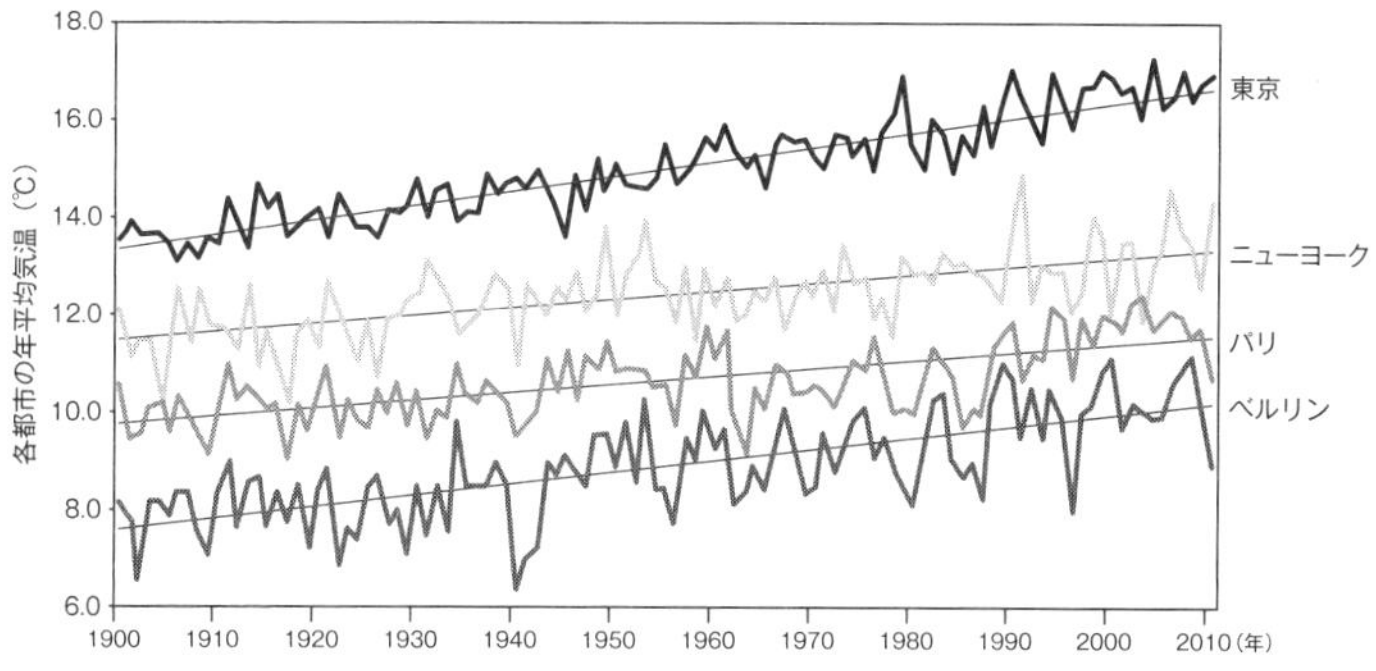

図4・4 各都市の年平均気温の変化（出典：気象庁）

上がり、上昇気流が起きる一方、郊外では気温が上がらず、下降気流が起きるために、飛行機がよく揺れたというのです。

東京におけるヒートアイランドは世界のなかでも顕著で、ニューヨーク、ベルリン、パリなどといった大都市よりも、都市化による気温変化が大きいのです。東京では過去100年間で年平均気温が約3℃も上昇しており、これは世界的にも珍しいといえます（**図4・4**）。

ヒートアイランドを発見した人

ヒートアイランドという言葉はどこから来たのでしょうか。それは、夏、都市の中心部で気温が上昇し、相対的に郊外で気温が下がるために、等温線を描くと「熱の島」のように見えるからです。この都市気候の概念を最初に認識した人は、1章2節の雲の分類でも出てきたルーク・ハワードといわれています。19世紀初頭、彼は仕事場のあるロンドンと郊外とでは気温が異なることを発見し、気温のデータを取り続けました。ここでも彼の観察眼の鋭さには驚かされますね。

ヒートアイランドの原因

具体的には何がヒートアイランドを発生させるのでしょうか。

ヒートアイランドの最大の原因とされるのは、エネルギー消費量の増加です。自動車、冷暖房や工場などからの人工排熱が大気を直接温めているのです。また、値こそ小さいものの、人間自体も排熱のもととなっています。

さらに、コンクリートの建築物やアスファルトの舗装道路などによって熱が蓄積されることも原因です。その分、都会から緑地や川などの水面が減って、水分の蒸発量が減少し、冷却効果も減ってしまいます。１９７０年代に「東京砂漠」という歌が流行りましたが、実際に東京は全国の都市のなかでもとりわけ湿度が低く、冬季には、最小湿度が中東の砂漠並みに落ち込むこともあるのです。

猛暑日連発の練馬

世界的に見てもヒートアイランドが顕著に多く発生している東京のなかでも、とりわけ気温が上がりやすい場所は、東京23区の北西に位置する練馬区周辺です。なぜ都心部ではなく、郊外ともいえる練馬区なのでしょうか。それは、風の影響があるためです。

夏季、東京は太平洋高気圧からの南東の風の影響を受けます。都心部で加熱された空気は、南東の風によって北西方向に流れ込むのです（**図4・5**）。一方、夜間は本来なら北西の涼しい風に変わるはずなのですが、昼間に蓄えられた熱がじわじわと放出されることで、練馬区周辺は厳しい熱帯

図4・5　東京都心からの熱気

夜となり、ときには上空に寒気が侵入することによって、激しい集中豪雨を受けることもあるのです。

首都を冷やせ！

都心部の高温化に伴って、熱中症の患者が年々増加しています。国立環境研究所によると、2100年には熱中症の患者が3～4倍にも増加する恐れもあるとされており、とにかく夏の気温を下げることが急務になっているのです。

その方法として注目されているのが、ヒートアイランドと逆の「クールアイランド」を使った冷却です。都心部に広大な緑地を有する皇居は、周囲に比べて気温が顕著に低く、クールアイランドとしての存在価値も高いとされています。このような皇居の冷気を、周辺の高温部にうまく移流させることで気温の低下を図ろうというものです。

この一環として行われたのが、東京駅周辺の再開発計画です。高層ビルの立地間隔を意図的に広げて、東京湾から流れ込んでくる風の通り道を作りました。これによって東京湾から流れてきた風はそのまま皇居へと向かい、その後内陸部へと流れていくことで、内陸部の気温を下げるのです。まさに自然と人の知恵との融合といえるでしょう。

5 ＊＊＊＊＊ エルニーニョって何？

エルニーニョを見つけたのは、最新の科学ではなく、南米の漁師たちでした。彼らは周期的にイワシが不漁となることに気付き、それを「エルニーニョ」と呼んでいたのです。エルニーニョは東部太平洋の海水温が上がる現象ですが、その変化は地球全体の気候にも影響をもたらします。

鳥の糞とエルニーニョの関係

19世紀後半、南米チリ・ボリビア・ペルーの間では、ある「意外」なものを巡って大規模な争いがありました。「太平洋戦争」と名付けられたこの争いには、「鳥の糞戦争」という、実に臭そうな別称が付けられています。

この鳥の糞は「グアノ」と呼ばれ、それらの国々では昔から貴重な肥料とされてきました。海鳥が落とした糞や鳥の死骸、サンゴ礁などが長期間堆積して化石化したもので、窒素やリンを大量に含むことから肥料として重宝されてきたのです。

このグアノを作る海鳥は、エルニーニョと深いつながりがあります。エルニーニョが起き、海水温に異常が起きると、海鳥の餌であるイワシの数が激減し、その結果、海鳥の個体数が減少するのです。実際、１９５７年に強いエルニーニョが発生した際は、イワシの数が２７００万匹から６００万匹に減り、何百万羽にも及ぶ鳥の死骸がペルーの海岸に打ち上げられたということです。

エルニーニョの意味

ペルーの漁師たちは、クリスマスの頃に海水温の変化によってイワシが不漁になることを指して「エルニーニョ」（スペイン語で神の子、男の子の意）と呼びました。その後、この海水温異常はペルー沖のみならず、太平洋東部に広がることが知られるようになりました。

エルニーニョとは、このようにペルー沖の海水温が上昇することを指しますが、気象庁ではより詳しく、ペルー沖の海水温が基準値と比べて６ヶ月以上続けて０・５℃以上高くなった場合と定義しています。３〜７年に1度、12〜18ヶ月間にわたって起こることが多いです。

エルニーニョが発生するしくみ

エルニーニョが発生する要因として、貿易風の弱まりが関係するのではないかと考えられています。

（1）平常時

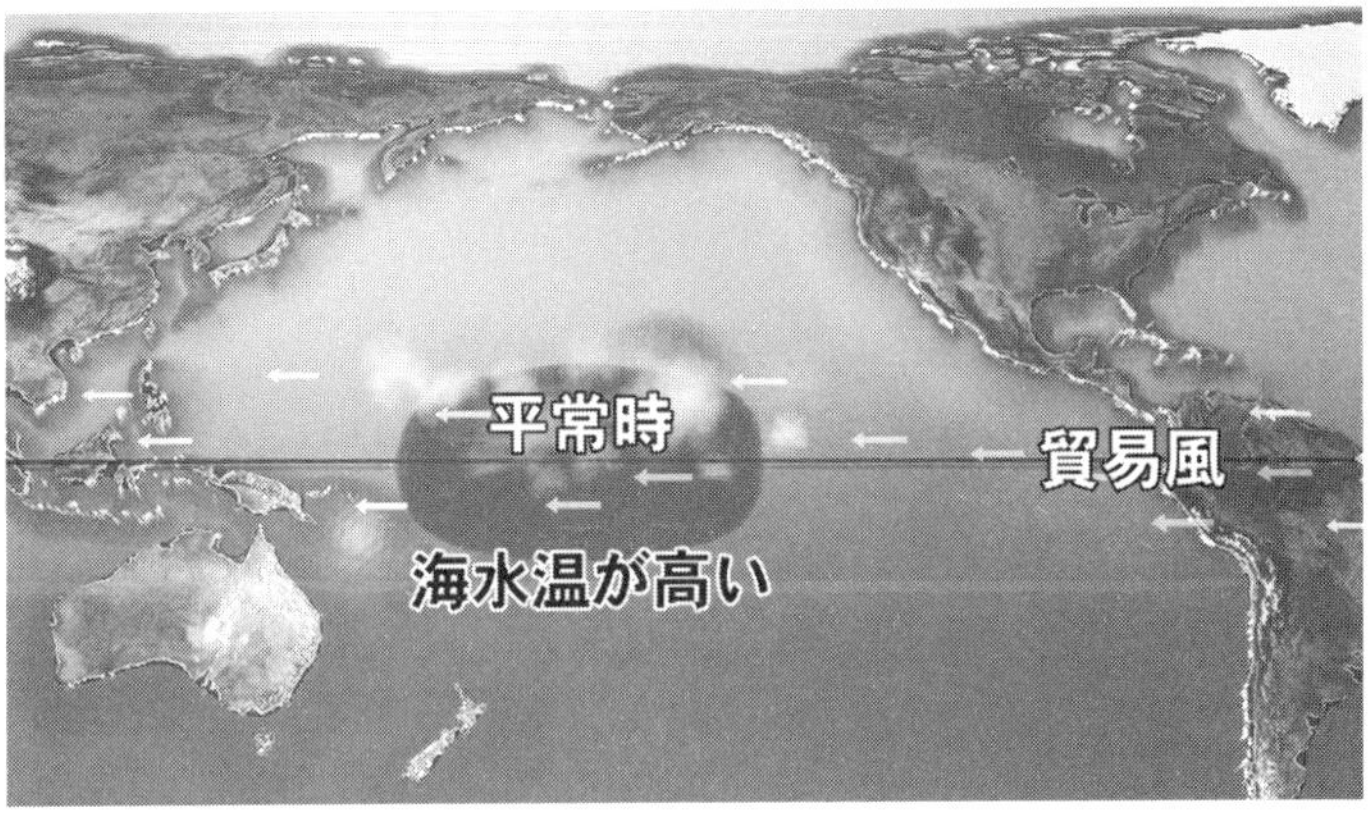

（2）エルニーニョ時

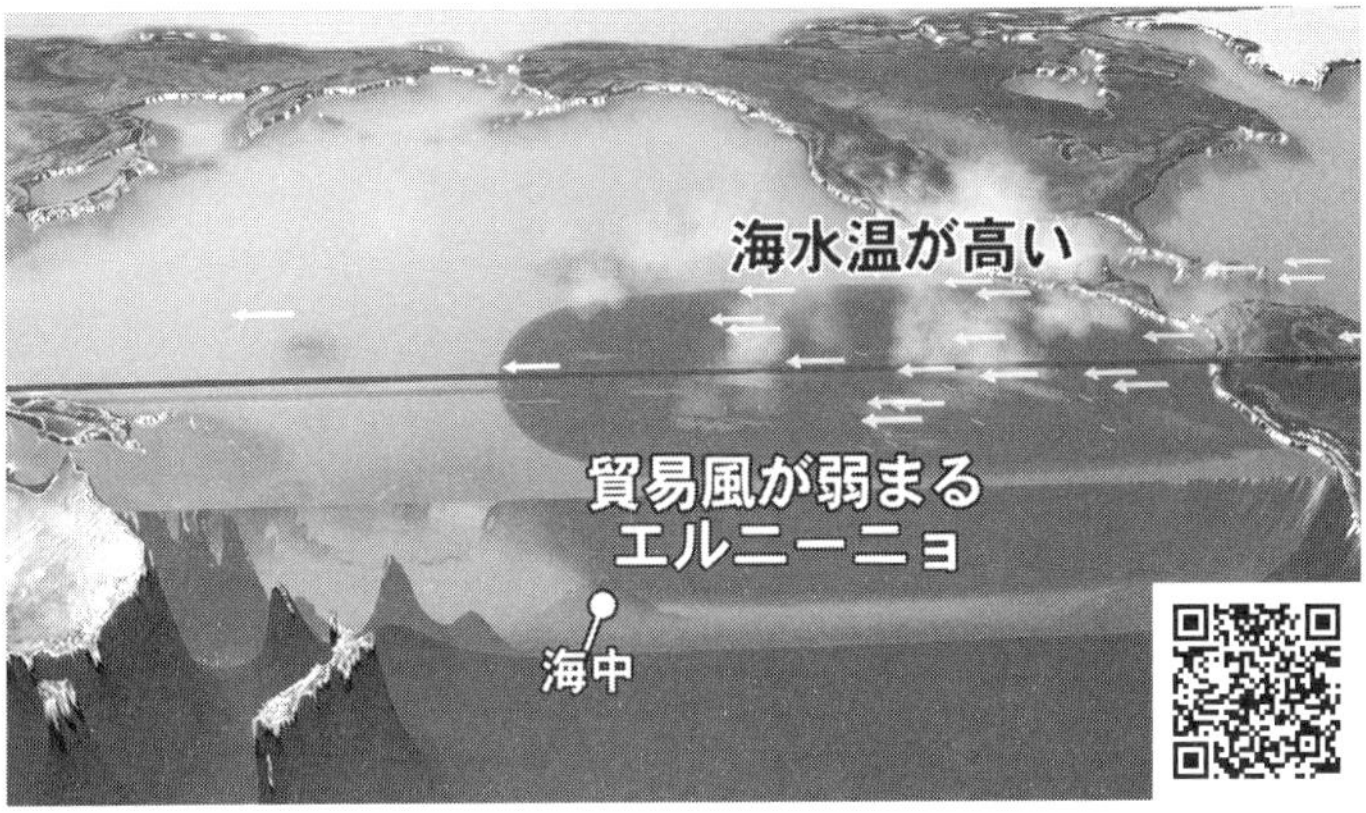

図4・6　エルニーニョが発生するしくみ

図4・6（1）のように、平常時は太平洋東部の熱帯海域には東寄りの貿易風が吹いているため、海の表面の水が東に流され、海の深部から冷たい水が湧昇し、ペルー沖の海水温は、赤道付近にもかかわらず低くなっています。同時に、温かい水は太平洋西部に移流するため、海水温が高く、対流活動が盛んになります。このようなしくみのため、太平洋西部で発生する台風の方が、東部で発生するハリケーンよりも数が多く、また強いことが多いのです。

しかし、何らかの理由で貿易風が弱まると、図4・6（2）のように、ペルー沖の温かい水が西に流されず、また冷たい水も湧昇しなくなることから、太平洋東部の海水温が高いままになります。すると、太平洋西部に流れ込む温かい水が減り、かわって太平洋中部で対流活動が活発になるのです。そのため、ハワイ周辺でハリケーンが多く発生することになります。

これらのしくみは完全に解明されているわけではありません。日射の強弱、月の潮汐、また熱帯地方の火山噴火といった現象もエルニーニョに影響を及ぼしているのではないか、と指摘している研究者もいます。

ラニーニャもある

ラニーニャとは（スペイン語で女の子の意）は、エルニーニョと反対の現象です。太平洋東部で貿易風が強まることによって、海の深部からの湧昇が盛んになり、海水面の水温が低下します。強い東風によって暖かい海水が太平洋西部に集まるために、アジアの熱帯地域で対流活動が活発になり、台風の発生数が多くなります。

エルニーニョが起きると、続けてラニーニャが起こることが多くあります。過去の統計ではエルニーニョの終わった1年以内に、50パーセント以上の高い確率でラニーニャが発生しています（1950〜2016年のデータ）。エルニーニョの次はラニーニャ。ダイエット後のリバウンドのように、何事もやり過ぎると反動が大きくなるものですね。

6 ＊＊＊＊＊ エルニーニョが起こるとどうなるの？

エルニーニョが発生し、海水温が変化すると、大気にも影響が生じます。海水温が上がるところでは上昇気流が活発になり、雨が多くなるのに対し、別の場所では雨が少なくなります。地球全体で見るとバランスが取れているのですが、地域的に極端な天候が現れやすくなるのです。

海流の与える気温への影響

フランス南部にある温暖な街ニースと、日本国内で最低気温の記録がある北海道の旭川は、どちらも北緯44度と同じ緯度に位置しています。にもかかわらず、なぜ両街の年間平均気温は8℃も異なるのでしょうか。

この原因は両街を取り巻く海流にあります。ヨーロッパ西岸の大西洋には北大西洋海流という暖流が流れている一方、北海道岸には親潮という寒流が流れています。海流における海水温は、上空にある空気を変化させ、周辺の気温に大きな影響を及ぼします。

エルニーニョによる影響

このように海流は、その周辺地域の気温に影響を与えますが、もっと規模の大きなエルニーニョやラニーニャのような現象が起きると、地球全体の気象に影響を与えることになります。

例えば、エルニーニョやラニーニャによって、太平洋の赤道域における海水温の高い場所が動き、高気圧・低気圧の発生する場所も動くと、地球を覆う様々な風の流れがその影響を受けます。その影響はドミノ式に中緯度そして高緯度へと伝わっていき、地球全体の気象に変化をもたらすのです。

日本への影響

１９９３年、日本では「平成の米騒動」と呼ばれる米不足が起きました。冷夏によって記録的な凶作になったため、市場からは国産米が消え、代わってタイ米が緊急輸入されました。しかし、タイ米が日本人の口に合わなかったことなどから、大量に放棄されることとなり、一方、タイでは日本に米を輸出したことで米不足となってしまったのです。この凶作の原因は、１９９２～93年に生じたエルニーニョが日本にもたらした長雨・冷夏でした。

通常の夏は、熱帯地域では対流活動が活発なため気圧が低くなり、その代わりに中緯度帯の高気圧が強まります。しかし、１９９３年は熱帯地域の対流活動が弱く、気圧が低くならなったため、日本を覆う高気圧の勢力も弱まってしまい、長雨・冷夏となったのです。

一方、ラニーニャが起きると、日本では暑夏・寒冬となります。ラニーニャが起きた２００７年夏には、岐阜県多治見市や埼玉県熊谷市で当時の国内観測史上１位となる40・９℃を記録しました。また、九州から東北にかけて記録的な大雪が降った１９８４年（昭和59年）の「59豪雪」もラニーニャの年に発生しています。

エルニーニョの引き起こす問題

エルニーニョやラニーニャによって気象が変化すると、生態系にも影響を与えることが知られています。例えば、長崎大学熱帯医学研究所が2005年から2013年にかけてコスタリカで行った調査によると、蛇は暖かい方が活動が活発になる傾向があり、平均気温が1℃上がるごとに毒蛇に噛まれる人が24パーセント増えたそうです。また、気温が上昇すると蚊の発生数が増えるため、デング熱に感染するリスクが高まります。

さらに、エルニーニョが起きると、熱帯地域での紛争が増えることが知られています。前述した「鳥の糞戦争」もそうですが、エルニーニョ時の紛争発生リスクは、ラニーニャ時に比べて2倍も高まるとの研究結果もあるほどです。また、過去50年における紛争の21パーセントにエルニーニョの発生が関わっているとの説もあります。

エルニーニョは、地球の温暖化以上に急激な温度変化をもたらし、短期間に様々な形で、目に見える変化をもたらす恐れがあるのです。

5章 嵐のふしぎ

1 ***** 竜巻はどうやって発生するの?

竜巻といえばアメリカが連想されますが、日本でも年間25個くらいの竜巻が陸上で発生しています。それらの竜巻のほとんどは小さなものですが、海外では風速１００メートルを超えるような巨大な竜巻が発生することもあります。そのような竜巻は、スーパーセルという強大な雲から起こることが多いのです。

北関東で発生したＦ２の竜巻

２０１３年９月、埼玉県さいたま市や越谷市などで、晴天の昼下がりに突如空が暗くなり、竜巻が出現しました。この竜巻は家屋や電柱を次々となぎ倒し、60名以上のけが人がでるという大きなもので、後で説明するＦスケールで４番目に強い階級であるＦ２（風速50~69メ

図5・1　北関東で竜巻が発生したときのスーパーセル（2013年9月）

ートル）の強さに相当しました。ちょうどこの竜巻が発生したとき、少し離れたところから、巨大な雲の写真（**図5・1**）が撮影されていました。尋常ではない高さまで成長した、見慣れない形の雲です。この雲の正体は何なのでしょうか。

竜巻をもたらす雲の正体

竜巻とは、積雲や積乱雲からのびる、激しい風をもたらす渦のことです。小さい竜巻であれば、雨すら降らせない積雲から生まれることもありますが、家屋を倒壊させるほどの強い竜巻は、それ相応の大きな積乱雲から発生します。それが「スーパーセル」と呼ばれる、巨大な積乱雲です。上の写真の積乱雲の高さは15キロを超えるほどにまで成長していました。スーパーセルは、上空の風によって、それ自体が回転していることから「回転雷雲」とも呼ばれます。

スーパーセルから竜巻が発生するしくみ（図5・2）

それでは、スーパーセルはどのようにして発生するのでしょうか。

地表面付近で風がぶつかったり、気温差から空気がかき混ぜられたりして、空気が上昇を始めると、背の高い積乱雲ができます。やがて、雲の中で大きな雨粒ができると、雨と一緒に空気が下降してきます。この下降気流によって、それまで雲を支えていた上昇気流が弱まり、通常の積乱雲の場合は1時間ほどで積乱雲としての一生を終えます。しかしスーパーセルの場合は、上昇気流と下降気流の場所が離れているために、上昇気流が長引いて、積乱雲の寿命も数時間に延びるのです。

スーパーセルの中では、高さによって、向きと強さが違う風が吹いていて、雲の中で空気の渦が発生します。この渦が上昇気流で垂直に立てられると、直径2～10キロほどの、回転する空気の管「メソサイクロン」ができます。メソサイクロンが回転することによって、掃除機のように雲の下の空気を吸い上げます。持ち上げられた空気は上空で急速に冷えて雲となり、それが地表面まで下りてきたとき、竜巻となるのです。

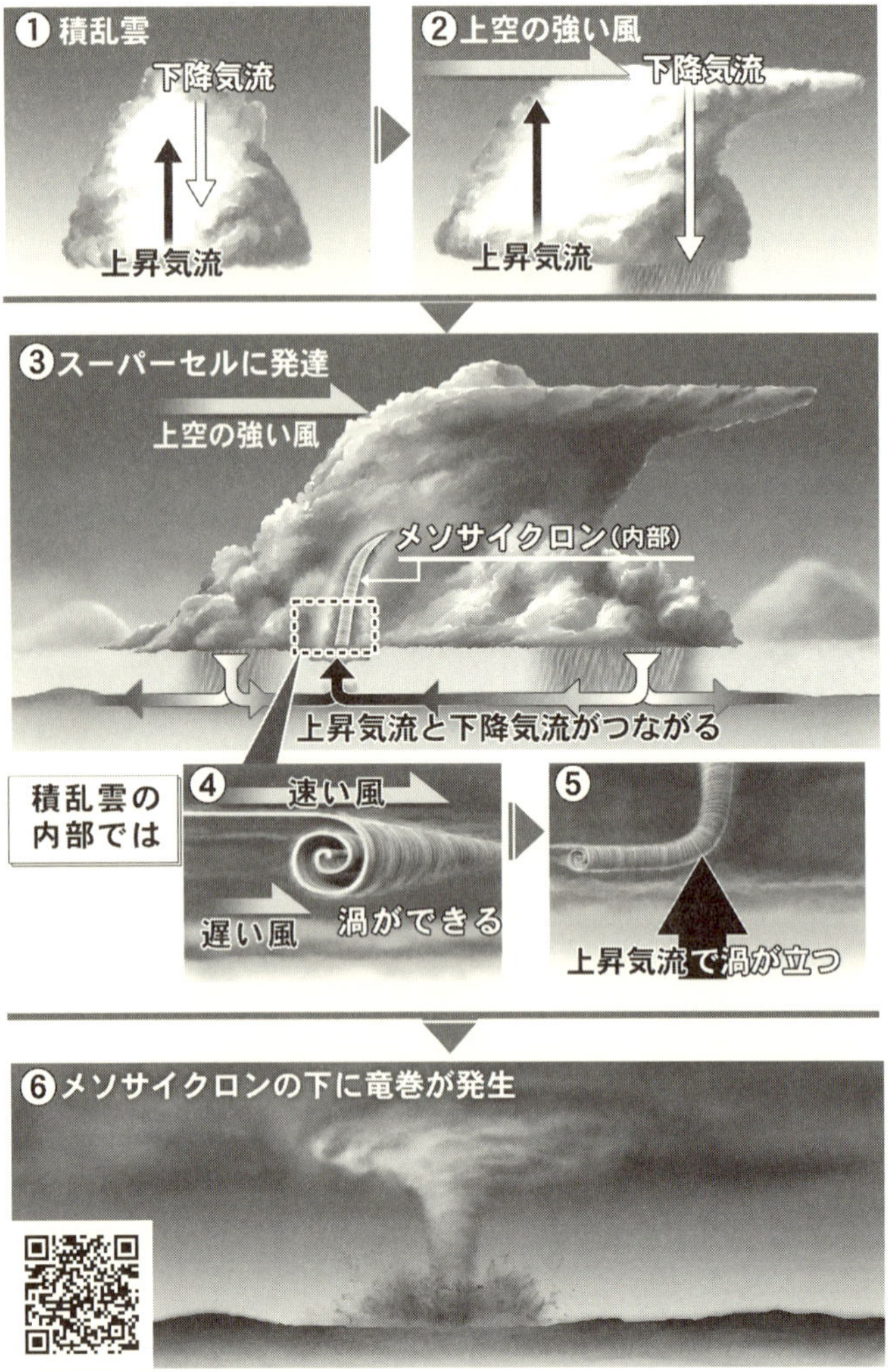

図5・2　スーパーセルから竜巻が発生するしくみ

階級	風速(3秒平均)	主な被害の状況（参考）
JEF0	25～38m/s	・物置が横転する。 ・自動販売機が横転する。 ・樹木の枝が折れる。
JEF1	39～52m/s	・木造の住宅の粘土瓦が比較的広い範囲で浮き上がったりはく離する。 ・軽自動車や普通自動車が横転する。 ・針葉樹の幹が折損する。
JEF2	53～66m/s	・木造の住宅の小屋組（屋根の骨組み）が損壊したり飛散する。 ・ワンボックスの普通自動車や大型自動車が横転する。 ・鉄筋コンクリート製の電柱が折損する。 ・墓石が転倒する。 ・広葉樹の幹が折損する。
JEF3	67～80m/s	・木造の住宅が倒壊する。 ・アスファルトがはく離したり飛散する。
JEF4	81～94m/s	・工場や倉庫の大規模な庇の屋根ふき材がはく離したり脱落する。
JEF5	95m/s～	・低層鉄骨系プレハブ住宅が著しく変形したり倒壊する。

図5・3 日本版改良藤田スケール

スーパーセルに由来する竜巻は強いものが多く、２００６年11月に北海道佐呂間町で死者９名をだした竜巻（Ｆ３）や、２０１２年５月に茨城県つくば市で発生した竜巻（Ｆ３）などが、その例です。

竜巻の分類、藤田スケール

世界的に用いられている竜巻の強さの指標はＦスケールといわれるものですが、このＦというのは、日本人気象学者・藤田哲也氏（１９２０～１９９８年）に由来します。

竜巻はその規模が小さく、寿命も短いことから、その分類は非常に困難なものでしたが、藤田氏は竜巻により壊された家屋などの被害状況から風の強さを推定し、それに基づいて竜巻の規模を判定するという画期的なアイディアを思いつきました。2016年からは、現在の強固な家屋や建物の基準に合わせた、日本版改良藤田スケール（JEFスケール、**図5・3**）が使用されています。

2 台風はどうやって発生するの？

気象衛星の画像では、巨大な渦を巻いた台風の雲を観察することができますが、それは台風の周りがよく晴れているため、雲の渦がくっきりと見えているからです。「嵐の前の静けさ」とか「台風一過の晴れ」などといいますが、台風のときは一瞬にして天気が変わります。

五輪台風

ローマオリンピックの開催された1960年8月、偶然にも五つの台風が日本の近海に続けて発生しました。8月16日に台風14号、15号が発生し、その翌日には16号も発生しました。

これだけでも大変珍しいことですが、その後、芋づる式に20日に17号、23日には18号が発生しました。このように絶妙なタイミングで台風が発生したことから、「五輪台風」と命名されました。

多数の台風が、近い距離でいっせいに見られるのはとても珍しいことですが、台風（サイクロンやハリケーンを含む）は全世界で年間約80個発生しています。台風一つの寿命は5日程度なので、平均すると、世界のどこかで毎日一つ以上の台風が渦巻いていることになります。

台風が発生するしくみ

台風はどのようにして発生するのでしょうか。

熱帯地方の海に灼熱の太陽が照りつけることで海水温が上昇すると、海水は蒸発を始め、水蒸気となり、暖まった空気とともに上昇します。やがて上空に上るにつれ冷やされて、再び水に戻り、雲となります。

水蒸気は水よりも大きなエネルギーを持っているため、水蒸気が水になる際に、余分な熱を外に放出します。その結果、周りの空気が暖まり、軽くなることで、上昇気流がさらに盛んになります。そして、複数の積乱雲のかたまり（クラウドクラスター）ができるのです。

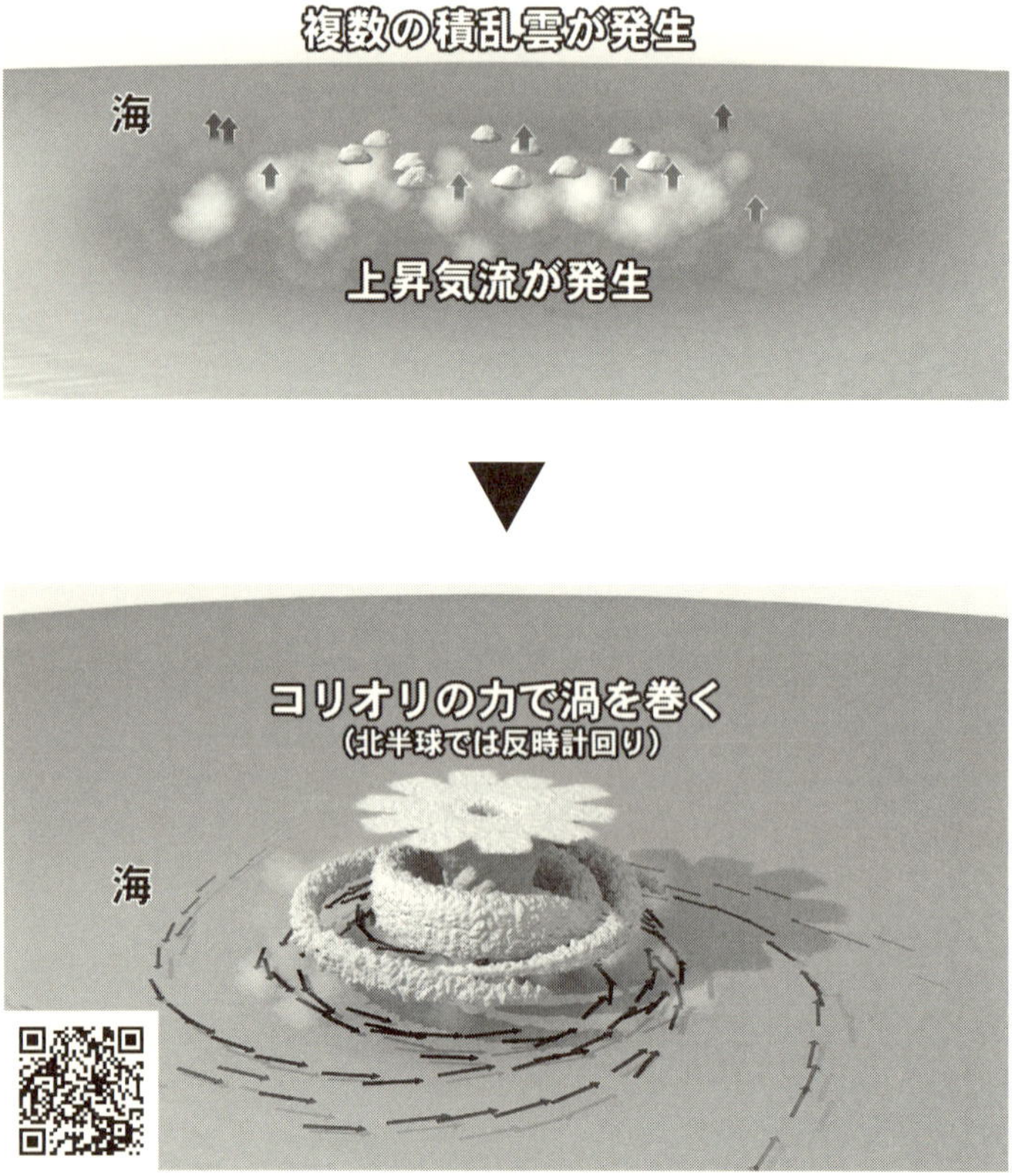

図5・4　台風が発生するしくみ

この雲のかたまりに地球の自転の影響（3章1節のコリオリの力）が働くと、北半球では反時計回りに、南半球では時計回りに大きく回転しだし、渦になります（**図5・4**）。これが熱帯低気圧です。そして風速が17・2メートルを超えると、「台風」と呼ばれるようになります。

台風が発生する場所

それでは、台風はどこで生まれるのでしょうか。それは、台風にとって「衣食住」が最適な場所です。

まず「衣」ですが、渦巻きの「衣」をまとうには、地球の自転の力が働く場所でないとなりません。赤道上ではこの力が働かないため、台風は発生しません。目安は北緯5度よりも北、そして南緯5度よりも南です。

次に「食」ですが、台風のエネルギー源は水蒸気です。一般に海水の蒸発が盛んに行われている、海水温が26℃以上の場所である必要があります。

最後に「住」ですが、台風にとっての最適な「住」環境は、心地よい風が吹いている場所です。それは、一様な風が大気の下層から上層まで流れているところです。もし大気の高さごとに風の向きや速さに大きな違いがあると、台風は上下で分断されてしまうのです。

こうした条件を最も兼ね備えた台風の養成場ともいえる場所は、フィリピンの東の海上、そしてメキシコの西の海上です。

台風と甲子園球児の共通点

これらの「衣食住」の条件が揃えば、必ず台風が発生するわけではありません。実際、台風の卵が台風になる確率は2パーセント程度と、とても低いのです。この確率は、高校野球の夏の甲子園大会で優勝する確率とほぼ同じです。甲子園球児も台風も、同じ確率のもとで闘っているのですね。

3 台風の構造はどうなっているの？

*****

よく晴れた夏の日、空に雲がモクモクとそびえていることがあります。台風もこれと同じような背の高い雲の集合体のため、気象衛星で見る台風の雲画像から、分厚いバウムクーヘンのように厚いものをイメージしがちです。しかし実際には、台風はCDのような薄い円盤形をしているのです。

変わった形の台風の目

図5・5の衛星写真にあるボタンの穴のように見えるものですが、これは何でしょう?

これは、2003年に米国ノースカロライナ州などを襲ったハリケーン・イザベルの目です。このハリケーンの目の中には、さらに四つの小さな目があり、まるで四角形のように見えました。さらに目は一時、五角形にもなったのです。

台風の目というと、日本列島を襲う台風の衛星画像で見る、渦の中心にある丸い一つの円が思い浮かびますが、発達した台風では図5・5のような多角形の目ができることもあるのです。また、二重の雲のリングができて、ぱっちりとした二重のような台風の目ができることもあります。強力な台風が現れたときは、ぜひ衛星画像でその目を確認してみてく

図5・5 2003年ハリケーン・イザベルの衛星写真

ださい。

台風の目が発生するしくみ

台風の目が発生する理由は、簡単にいうと、台風に働く遠心力によるものです。回転する物には遠心力が働くため、台風の中心では、中心に向かって吹き込む風の力よりも、外側に向かって飛び出す力の方がより強く働き、風が中心に吹き込めなくなるのです。そのため、台風の中心には平均20~100キロほどの大きさの雲の穴がぽっかりと開き、これが目になります。

目の中では下降気流が生じています。空気は下降気流になって上空から降りてくると、圧縮されて温度が上がる性質があるため、暖かい空気が集まります。伊勢湾台風の際は、目の周囲と目の中の温度差が上空では20℃もありました。

台風の目の壁

台風の目の周りには強い上昇気流が発生しているため、無数の大きな積乱雲がそびえたち、壁のように見えます。これを「目の壁（アイウォール）」と呼びます。目の壁は台風の中でも最も風が強い場所で、そこでは大雨が降っています。ちなみに、図5・5のような多角形の目は、目の壁の内側の雲が変形したものと考えられています。

目の壁を取り囲むのが、螺旋状の積乱雲の集まりである「スパイラルレインバンド」です。平均的な幅は5～50キロ、長さは100～300キロで、ここでも強風と大雨が発生しています。台風の本体が接近する前に風雨が強まるのは、このスパイラルレインバンドが原因であることが多いです。

台風の非対称性

台風は左右対称のきれいな渦が特徴的ですが、風速はその左右に明らかな違いが見られます。台風の進行方向と風の吹く方向が同じになる、進行方向に向かって右側の半円では、台風の動きに風の速度が加算されるため、風が強くなります。これを「危険半円」と呼びます。一方、左側の半円では、動きと風とがぶつかり合うために、風が相対的に弱くなります。これを「可航半円」と呼びます。

台風とCDの共通点

台風の大きさは、風速が15メートル以上の強風域の大きさによって分類されます。大きな台風だとその直径は1500キロもあります。それに対して雲の高さは約15キロほどです。

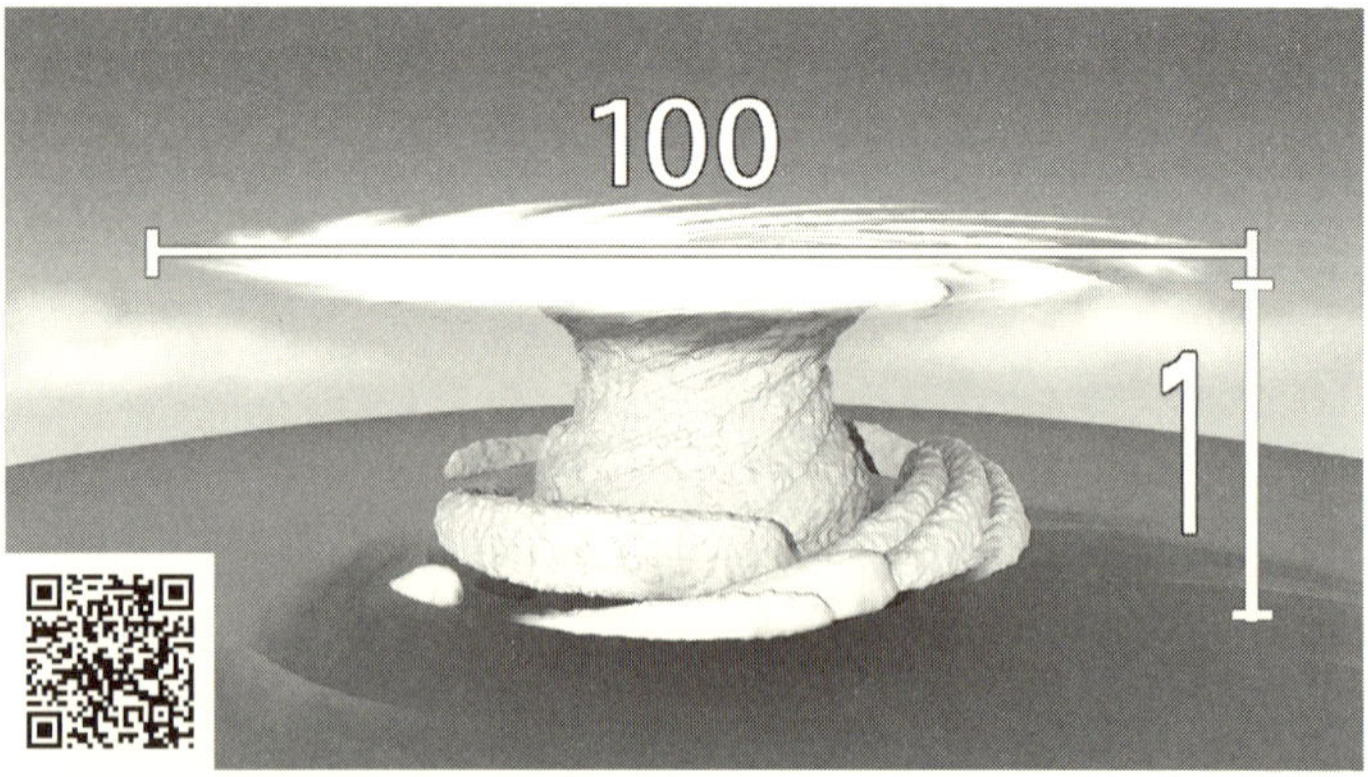

図5・6　台風とＣＤの共通点

地上から見れば背が高く見える台風ですが、直径と高さの比を計算してみると、１００：１となり、これはＣＤの直径と厚みの比率とほぼ同じになります（**図５・６**）。宇宙から見れば、台風はＣＤのように薄っぺらい形をしているのですね。

ボイス・バロットの法則

風の吹く方向から台風の中心を推測する、有名な法則があります。それは「風が吹いてくる方向を背にして立ったとき、左手前方に低気圧の中心がある（北半球の場合）」というものです。これは提唱者であるオランダの気象学者の名前から、「ボイス・バロットの法則」と呼ばれています。

しかし実際には、この法則を最初に発見したのは彼ではありませんでした。貧しかったために農業をしながら研究に励んでいた科学者が、バロットよりも前に発見していたのです。その科学者とはウィリアム・フェレル（1817～1891年）です。彼は大気の地球規模の循環である「フェレル循環」を発見した気象学の大家です。

4 ***** 台風はどこに進むの？

近年、台風の進路予想はよく当たるようになりました。台風が予報円の中に入る確率は70パーセントくらいにもなります。とはいえ、ときに思いがけない方向に向きを変えたり、複雑な動きをする台風（迷走台風）もあります。台風の進路は何によって決まるのでしょうか。

台風の進路

「地震・雷・火事・親父」ということわざがあります。確かに親父は怖いけれど、果たして地震・雷・火事に匹敵するくらい怖いのでしょうか。実はこの「親父」というのは、強い南風（台風）を表す大山風（おおやまじ）が変化したものだともいわれています。発音が同じだからという理由で、世の親父は悪名をつけられ、迷惑を被っているというわけです。

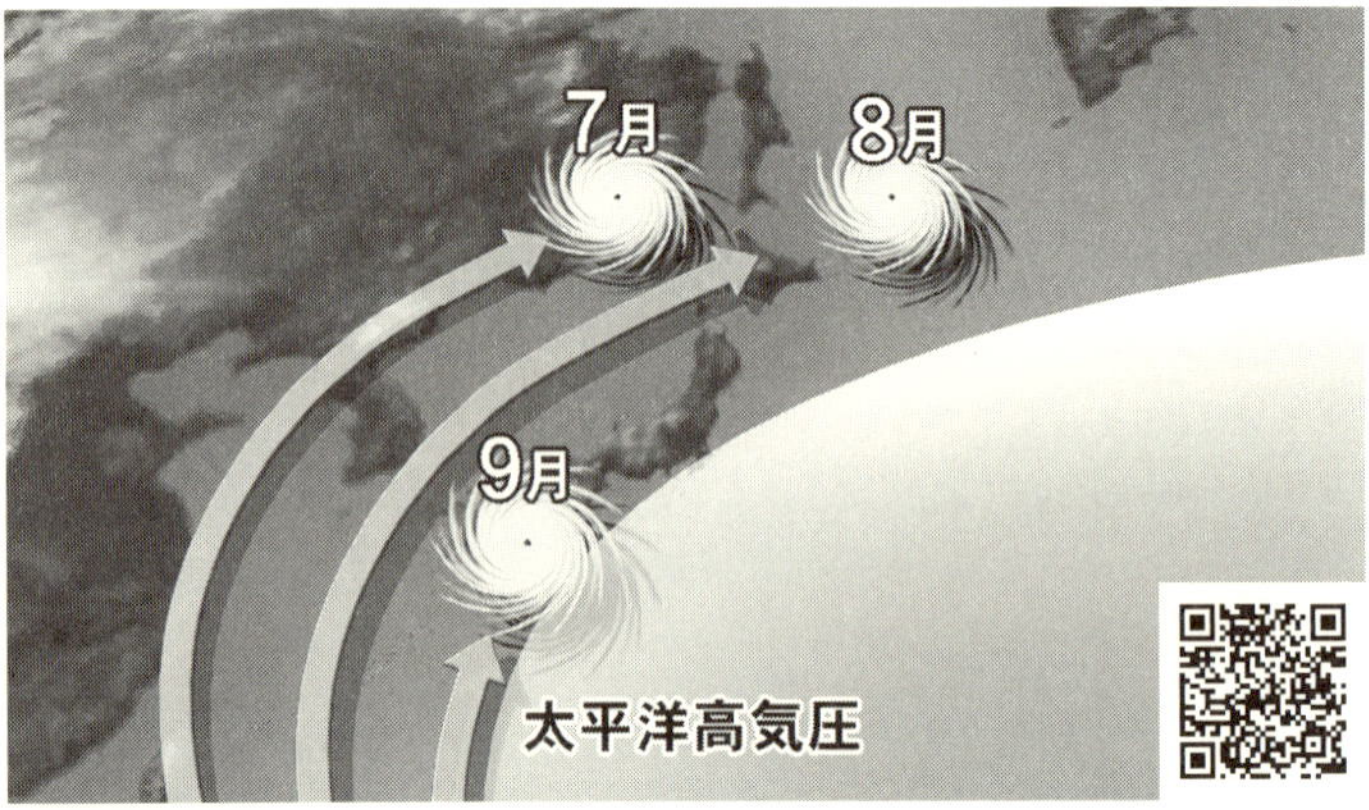

図5・7　台風の進路

ところで台風が恐れられる理由は、日本がまさに台風の進路に位置しているからです（**図5・7**）。過去30年間で、1年間に平均して11個の台風が日本に接近し、そのうち2～3個が上陸しています。北西太平洋で発生する台風の数は年間26個ほどなので、日本がいかに台風に襲来されやすい国なのかがわかります。特に台風に上陸されやすい都道府県は、鹿児島県、次いで高知県、そして和歌山県、静岡県と続きます。

台風の進路を決めるもの

台風の進路は何によって決まるのでしょうか。実は、台風自らはあまり動かないのです。川の水面に木の葉を浮かべると、木の葉は川の流れにしたがって動きますが、台風も同様で、その動きは高度5キロほどの高さに吹く風によって決められるのです。この風を「一般流」と呼びますが、台風はその流れに身を任せるように、ただ受動的に移動しているだけなのです。

日本付近の台風の場合は、太平洋高気圧が前述のたとえでいう川の流れの役割を果たします。この太平洋高気圧は、日本に蒸し暑さをもたらす高気圧で、春の終わりから夏にかけて、太平洋から日本列島付近に張り出します。その縁を流れている風が、台風の進路を決める高度に吹いているのです。高気圧の縁が日本列島にかかる8、9月などは、日本に台風が近づきやすい時期となります。

β《ベータ》効果

台風は、前述のような目立った風がないと移動しないのかというと、そうではありません。風がない場合でも地球の自転の影響によって、北西方向に時速10キロほどのスピードで動きます。これを、「β効果」と呼びます。しかし、台風を動かす風がある場合は、この効果はあまり働きません。台風は怠け者で、自分からは積極的に動かないようです。

こうして台風は周りの風の力を借りて、発生してから消滅するまでに約3千キロ移動します。これはだいたい渡り鳥の一生における飛行距離に相当します。

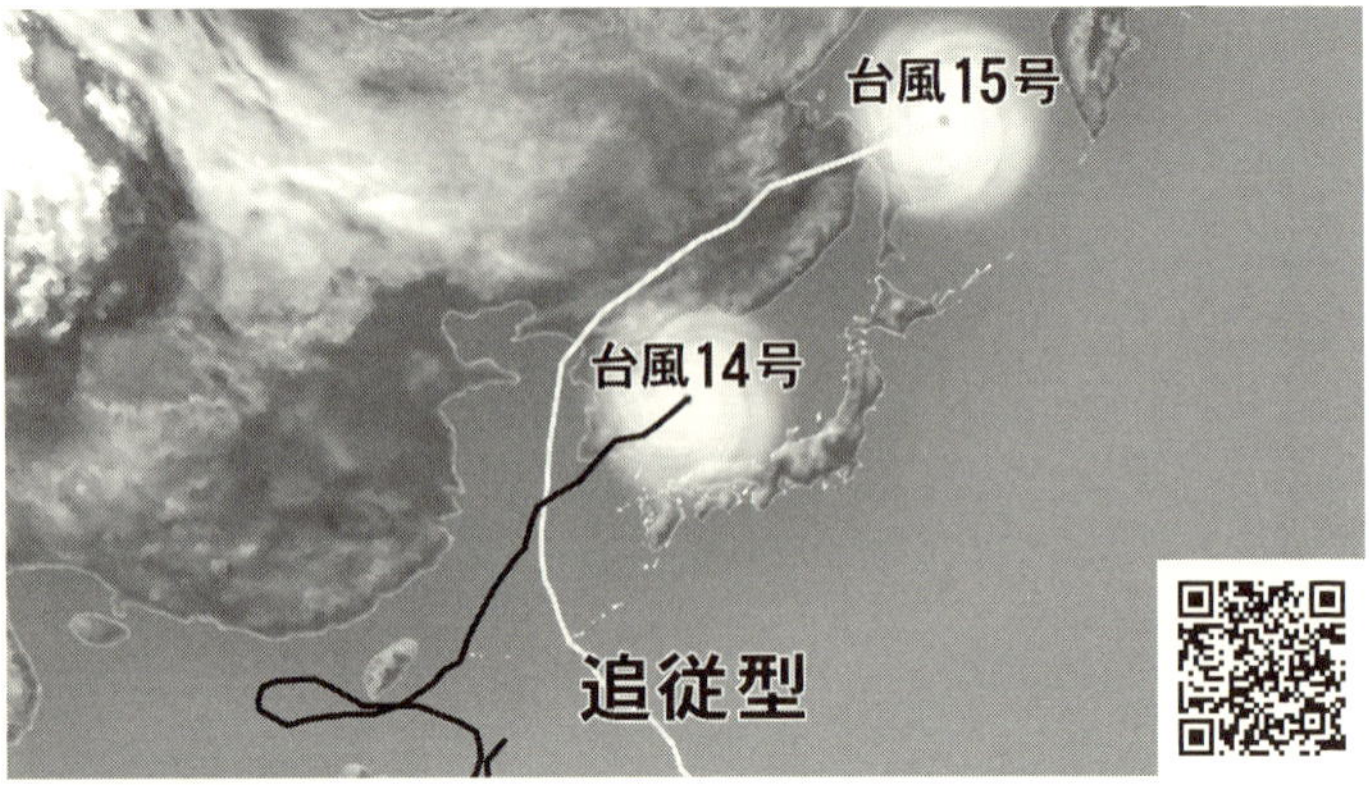

図5・8　藤原の効果（2012年台風14・15号の経路）

藤原の効果

上空の風が台風の動きを決めることを前述しましたが、例外もあります。それは「藤原の効果」と呼ばれる現象です。

１９２０年代、気象学者で中央気象台長（現在の気象庁長官）だった藤原咲平氏が取り上げた現象のため、この名前が付けられましたが、最初にこの現象を発見したのは、明治時代の気象学者・北尾次郎氏であったといわれています。

この藤原の効果とは、二つ以上の台風が１０００キロ以内の距離で存在しているとき、お互いの動きが干渉し合って、予想できないような複雑な動きをする現象のことです。

藤原の効果によって複雑な動きをした台風として、２０１２年の台風14号と15号があります（**図5・**

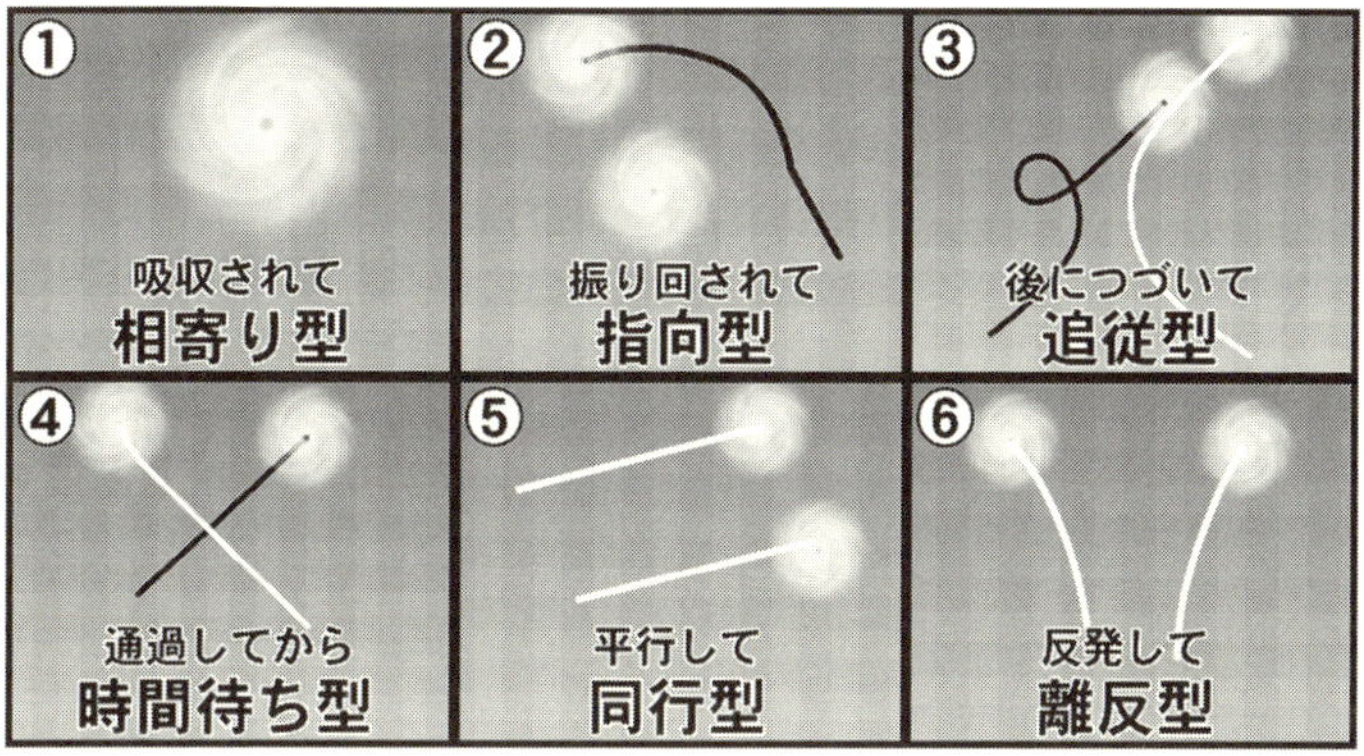

図5・9 藤原の効果による台風の動きの分類

8)。先に発生した14号は、東から接近する15号の影響を受けて、台湾近海で5日間にわたって迷走を続け、15号が朝鮮半島に向かうのを見届けてから、その後を追いかける形で北上しました。迷走した14号は、日本・韓国・北朝鮮で甚大な被害とともに死者を出しました。

藤原の効果による台風の動きは**図5・9**の6パターンに分類されています。

①相寄り型：弱い台風が、強い台風に巻き込まれ、一つになる。
②指向型：一方の台風が他方の台風の動きを支配する。
③追従型：一方の台風を、他方の台風が追いかける。
④時間待ち型：一方の台風が先に進むのを待ってから、他方の台風が進む。
⑤同行型：二つの台風が並列して同じ方向に進む。

⑥離反型：二つの台風が反対方向に進む。
まるで男女関係の行く末のようですね。ちなみに、先述した台風14号と15号は③の追従型になります。

5 寒冷渦って何？

低気圧は空気の渦巻きですが、その渦は空気の性質の違いによって分類することができます。暖気だけからなる渦巻きや、暖気と寒気からなる渦巻きのほかに、寒気だけからなる渦巻きもあります。この寒気だけからなる渦巻きは寒冷渦《かんれいうず》と呼ばれ、ときに天気の大きな変化をもたらします。

ヨーロッパのにわか台風

高緯度に位置するヨーロッパは、ハリケーンがほとんど来ないことで知られています。記録によると、1961年にハリケーン・デビーがアイルランドを直撃し、また2005年にハリケーン・ビンスから変わった熱帯低気圧がスペインに上陸していますが、いずれも非常にまれな出来事でした。

しかし、ヨーロッパでも**図5・10**のような、ハリケーンと見間違うほどに立派な雲の渦巻きが、冬に発生することがあります。中央のくっきりとした目がハリケーンを彷彿させますが、これは「メディケーン」と呼ばれる嵐です。メディケーンとは「メディテラニアン（地中海）」と、「ハリケーン」を掛け合わせた造語で、ときおり南ヨーロッパに現れては、大荒れの天気をもたらします。この嵐がハリケーンではないとすると、何なのでしょうか。

図5・10　メディケーンの衛星写真（1995年1月16日）

寒冷渦の正体

低気圧には、暖気と寒気が衝突してできる温帯低気圧、暖気からなる熱帯低気圧や台風、そして寒気からなる「寒冷渦」と呼ばれる低気圧があります。寒冷渦は、台風のように雲が渦を巻くことが多いことから「冬の台風」と呼ばれることもあります。

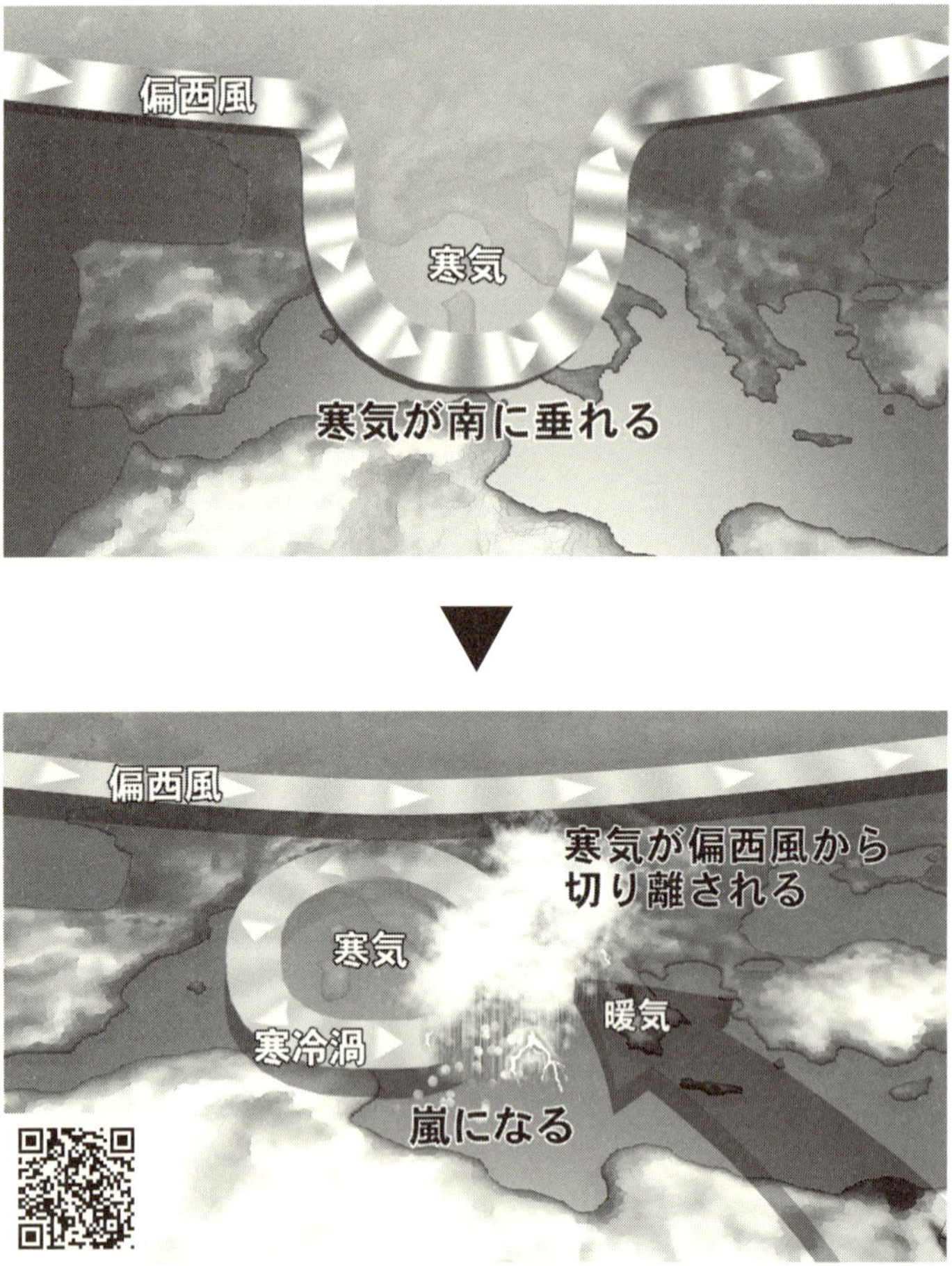

図5・11　寒冷渦のできかた

寒冷渦は台風やハリケーン以上の被害をもたらすことがあります。それは、寒冷渦の動きが遅いために、悪天が続きやすくなるからです。なぜ動きが遅いかというと、寒冷渦は上空の偏西風から切り離されて渦を巻いたものなので、ベルトコンベアーのような役割を果たす偏西風から離れていることによって、ほとんど同じ場所から動かずに、渦を巻いたまま停滞することがあるからです（**図5・11**）。

また、寒冷渦は、地上や水上の暖気とぶつかる場所で、極端な気象現象を起こすことがあります。暖気と寒気が交わるところで急激な上昇気流が起きることによって、落雷・突風・局地的豪雨・豪雪・雹といった、激しい気象現象が発生するのです。なお、「雷三日」という言葉がありますが、これは、日本海の水蒸気を補給した寒冷渦が、ゆっくりと北日本を移動することで、2～3日間悪天が続いてしまうことを表しています。

寒冷渦による被害

1969年9月に発生した強大な寒冷渦は、地中海で悲劇を起こしました。強風によってギリシャ船籍の2万トンのタンカーが座礁し、船体が二つに分断されました。また、北アフリカでは、未曾有の大雨による大洪水が発生、チュニジアやアルジェリアでは600人が亡くなり、25万人が家を失ったほか、数千頭のラクダも死亡したと記録されています。

6 温帯低気圧はどうやって発生するの？

＊＊＊＊＊

天気予報で「低気圧が近づいて雨になるでしょう…」と言っているを耳にしたことがあると思いますが、この「低気圧」とは「温帯低気圧」のことを指しています。温帯低気圧は中緯度では日常的に現れるものなので、「温帯」という言葉はあえて省略されています。温帯低気圧も台風のように嵐をもたらしますが、我々はその恩恵も受けています。

高気圧と低気圧の差

気象予報士をしていると、何かと天気について質問されることが多いのですが、最も多いのは、今週末の天気についてです。何か予定があるのか真剣な眼差しで聞かれたりすると、面と向かって「雨になる」とは言いにくいものです。

そして次に多く質問されるのが、低気圧と高気圧は何ヘクトパスカルで分けるのかということです。この質問には「貧乏人と金持ちは、所得をいくらで分けますか？　低気圧と高気圧を分けるのも、同じ考え方です」と答えます。

貧乏人と金持ち、背の高い人と低い人、きれいな人とそうでない人、その線引きは相対的なものです。相撲の世界では、体重が100キロある力士だって軽いといえるのです。同じように、高気圧と低気圧の線引きも相対的なもので、周りより高いか低いかによって決まります。1030ヘクトパスカルといえば通常は高気圧なのですが、周りの気圧が異常に高ければ、低気圧になります。

このように低気圧とは、単に気圧が周りより低い場所を指すため、台風も含まれるのですが、ここでは日本などの中緯度地方に現れる温帯低気圧に限って説明していきましょう。

温帯低気圧が発生するしくみ

中緯度地方に四季があるのは、温暖と寒冷な空気が、入れ代わり立ち代わり流入してくることがその一因です。中緯度地方では性質の違う空気がぶつかり、空気の温度差（傾圧不安定）が生じて、温帯低気圧が発生します。

例えば今、北側に冷たい空気、南側に暖かい空気があるとしましょう。暖かい空気は密度が小さく、冷たい空気よりも軽いため、上昇しようとします。一方、冷たい空気は重いため、暖かい空気の下に移動します。このときバランスが崩れ、「キンク」と呼ばれるねじれが生じます（**図5・12**）。このキンクを中心に空気が渦を巻き、中心に集められた空気が上昇す

図5・12　温帯低気圧のできかた

ると、中心の気圧は下がります。これがさらに発達することで温帯低気圧となります。

このように温帯低気圧は、空気をかき混ぜることによって発達しますが、全体の温度が一様になると消滅します。このしくみは、まるで夫婦喧嘩のようですね。意見の違いが嵐を引き起こしますが、意見がまとまれば収まるというものです。

台風の温帯低気圧化

天気予報で「台風は温帯低気圧に変わりましたが、勢力がさらに強まる恐れもあります」と言っているのを耳にしたことがあると思います。この「温帯低気圧に変わる」とはどういうことなのでしょうか。そして「勢力がさらに強まる」のはなぜなのでしょうか。

前述したように、温帯低気圧は暖気と寒気がぶつかることで発生します。それに対して、熱帯生まれの台風は暖気だけからできていて、寒気を持っていません。つまり、台風が温帯低気圧になるというのは、台風が北上するにつれて寒気が入り込み、その性質が変わるということなのです。

もともと台風は大量に水蒸気を含んでいますが、そこに寒気が入ってくる場合は、台風の持っている暖気と衝突し、広い範囲で大嵐を巻き起こす恐れが生じます。実際に2004年の台風18号などのように、温帯低気圧へと変わった後に大きな人的被害を出した台風は過去にいくつもあります。

厄介な低気圧

「うちの妻が低気圧で…」というセリフのように、低気圧は「人の機嫌が悪いことのたとえ」としても使われます。実際、低気圧は「鬱陶しい」の代名詞で、低気圧が近づくと気分が落ち込んだり、偏頭痛などに悩まされたりすることがあります。

これは気圧の低下に伴って、「身体の外からの圧力が弱くなって、身体の内部とのバランスが崩れ…、皮膚表面や関節の血流が多くなり、その分脳や身体の中心部の血流が不足」(『お天気ジンクス』(村山貢司著、祥伝社新書))することから起こるようです。

このように嫌われることの多い低気圧ですが、メリットもあります。気圧が低いと、低い温度でも水が沸騰するため、経済的といえます。例えば980ヘクトパスカルの低気圧の場合、98℃でお湯を沸かすことができます。ただし、料理の場合は食材に火が通りにくくなり、味が落ちるというデメリットもあります。

7 前線はどうやって発生するの?

＊＊＊＊＊

「前線」とは、異なる性質を持った空気の塊が地表面で接する境界線のことです。ここでは空気の対流が起こり、しばしば嵐をもたらします。このときの気団のぶつかり方によって、前線は、温暖・寒冷・閉塞・停滞の四つに分けられます。

前線の用語の歴史

天気予報で耳にする「前線」という言葉ですが、20世紀初頭までは「不連続面」という、難しい言葉で呼ばれていました。これは、ある線を境にして、気温や風などが不連続に変化していることを表しています。しかし、第一次世界大戦後にノルウェーの気象学者ビヤークネスらが、この寒気と暖気の衝突している場所のことを「戦場の最前列の敵と直接接触する

図5・13 温暖前線のしくみ

線」を意味する「前線」とたとえて呼び始めました。

日本の気象庁は一般的に、戦争を想起させるような言葉を気象用語として用いないのですが、「前線」は広く普及している言葉ということで使用されています。

前線の種類としくみ

暖かい空気と冷たい空気との衝突によって生じる代表的な前線には、温暖・寒冷・閉塞・停滞の四つがあります。それぞれについて詳しく見てみましょう。

・温暖前線（**図5・13**）

暖気が前方の寒気の上をゆっくり這うように進みます。その際に約200メートルにつき1メートルという、ゆるい傾斜で暖気は上昇を始めるた

図5・14　寒冷前線のしくみ

め、そこには雲がゆっくりと広がり、だんだんと厚くなっていきます。そのため雨は長い時間にわたってしとしとと降り、この温暖前線が通過した後には、南風が吹き込んできて気温が上がります。

・寒冷前線（**図5・14**）

寒気が前方の暖気を押すことで、背の高い対流雲を急激に作ります。寒冷前線の暖気と寒気の傾きは、温暖前線に比べると急なため、天気はあっという間に変わり、比較的短い時間にザーザーと強い雨が降ります。ときには雷や雹を伴うこともあります。また、寒冷前線が通過した後は晴れることが多いのですが、その後、北風が吹き込み、気温が一気に下がります。

・閉塞前線

閉塞前線の天気記号は、温暖と寒冷前線を足して2で割ったような形をしています。一般的には暖気よりも寒気の方が進むスピードが速いため、寒冷前線が温暖前線に追いつくことで、くっついてしまうのです。この前線では低気圧のエネルギー源である寒暖の差がなくなるため、閉塞前線は低気圧が最盛期を過ぎたときに生じます。

・停滞前線

暖気と寒気の力が同程度でせめぎ合っているようなとき、前線は停滞します。春の名残のやや冷たい空気と夏の暑い空気がぶつかり合うのが梅雨前線、夏の名残の暑い空気と秋のやや冷たい空気がぶつかり合うのが秋雨前線で、どちらも停滞前線の仲間です。

前線のあれこれ

気象現象ではない前線として、桜前線や紅葉前線などを耳にされたことがあると思いますが、韓国には一風変わった前線があります。韓国の気象庁は2015年まで、国民食であるキムチの漬けどきを予測する「キムチ前線」を毎年発表していました（今は民間に移行）。日平均気温が4℃以下、日最低気温が0℃以下になる頃がキムチ漬けに最高の環境だそうです。前線も「所変われば品変わる」ですね。

8

*****

爆弾低気圧って何?

自然界では時として、人知を超えるような出来事が起こります。急激に発達する「爆弾低気圧」もその一つです。昔から人々は、嵐が突然やってくることは知っていましたが、そのしくみがわかってきたのは20世紀になってからのことです。

アンドレア・ゲイル号を襲った嵐

1991年10月、大西洋上に浮かぶ1艘の漁船を突然の悲劇が襲いました。米国マサチューセッツ州の港を出たメカジキ漁船、アンドレア・ゲイル号は、6名の船員を載せ、一路カナダ・ニューファンドランド島沖に舵を取りました。漁場では豊漁に恵まれたのですが、ほどなくして魚の保管用冷凍庫が故障し、収獲した魚の腐敗を避けるため、帰途につくことになりました。しかし、その途上で「爆弾低気圧」に遭遇し、巨大な高波によって船はあえなく沈没、乗組員全員が帰らぬ人となってしまったのです。

この出来事は『パーフェクト・ストーム―史上最悪の暴風に消えた漁船の運命』というノンフィクションとして著され、2000年には映画化されました(**図5・15**)。

パーフェクトストーム発生のしくみ

「パーフェクトストーム」という言葉には、「複数の厄災が同時に起こって破滅的な事態に至る」という意味があります。この1991年の嵐も、まさに複数の厄災ともいえる気象現象によって引き起こされました。

事故当時の気象状況は次のようなものでした。前線を伴った低気圧が、アメリカ東部を静かに東進していました。そこにカナダから寒気が流れ込んだために、低気圧が一層発達、さらに運の悪いことに、ハリケーン・グレースが接近したため、低気圧とハリケーンはカナダ東部沖で合体し、その後、急激に発達して「爆弾低気圧」へと成長したのです。

図5・15 『パーフェクト・ストーム』(ワーナーエンターテイメントジャパン)

爆弾低気圧とは

爆弾低気圧とは、気圧が24時間で24ヘクトパスカル以上低下する低気圧（緯度60度の場合）と定義されています。この気圧低下の程度は緯度によって決まるため、日本周辺では18ヘクトパスカル以上の気圧低下となります。

低気圧が急速に発達するのは、温度の異なる二つの空気がぶつかるためです。そのため、冬の冷たい空気と春の暖かい空気とがぶつかる冬から春に発生することが多くなります。世界では年間45～65個の爆弾低気圧が発生するといわれますが、発生数が最も多いのは大西洋です。この爆弾低気圧という名称が最初に使われたのも、大西洋を航行していたクイーンエリザベス2世号に被害をもたらした１９７８年9月の低気圧といわれています。

日本の爆弾低気圧

日本周辺では爆弾低気圧はどれくらい発生しているのでしょうか。

九州大学の「爆弾低気圧情報データベース」によると、日本を含めた北東アジアでは、12月から3月をピークに、１年間で約19個発生しています（１９９６～２０１５年）。

なかでも特に発達した爆弾低気圧として、２０１３年1月に東京に大雪をもたらした南岸低気圧が挙げられます。この低気圧の中心気圧は、24時間で約50ヘクトパスカルも低下し、一時、930ヘクトパスカル台にまで低下しました。低気圧の中心に近かった千葉県銚子市では38・5メートルの最大瞬間風速を記録、また東京都心では8センチの積雪となりました。この大雪により、全国で5名が死亡、交通機関やライフラインが麻痺するなどの影響がでました。

気象庁は使わない「爆弾低気圧」

日本で「爆弾低気圧」という言葉が使われるようになったのは、1990年代に気象学者の小倉義光氏が英語の"Weather Bomb"（天気の爆弾）や"Bomb Cyclone"（爆弾低気圧）を訳して紹介したのが始まりともいわれています。

しかし、この爆弾低気圧という言葉は、気象庁では使用されていません。戦争を想起させるような用語を天気予報に使用することはふさわしくないというのが理由のようで、「急速に発達する低気圧」などと表現されています。

6章 光のふしぎ

1 雷の正体って何？

雷は、雲の中で雲粒がこすれ合うことによって発生したマイナスの電気が、プラスに帯電した地表面めがけて走ることにより発生します。落雷による死傷者の多くは、屋外でのレジャー中に起きています。そのため、屋外にいる機会の多い男性の方が犠牲になりやすいといえます。

日本での落雷の被害

1967年8月、学校登山の歴史に残る最悪の落雷事故が発生しました。長野県松本市の高校生と教員が西穂高岳登頂後、突然の雷雨に見舞われ、落雷によって8名が即死（後にさらに3名も死亡）しました。これは「西穂高岳落雷遭難事故」と呼ばれ、山には犠牲者を弔う慰霊碑が建てられています。

日本での落雷による年間の死者・行方不明者は約4人、負傷者は約13人です（1990年から2006年の平均）。総人口1億2千万人のうちの4人ですから、落雷によって死亡することは天文学的に低い確率といえます。確かに、宝くじの1等に当たる確率や飛行機の墜落事故に遭う確率よりもはるかに起こりにくいことではありますが、言うまでもなく、雷に当たれば多くの場合、死や大けがに至ります。

雷が発生するしくみ

雷は次のようにして発生します。雲の中では雲粒同士がぶつかったり、こすれあったりしているのですが、その際に雲粒はプラス（＋）かマイナス（−）の電気を帯びます。そして、プラスの電気を持った雲粒（氷晶）は雲の上部に、マイナスの電気を持った雲粒（あられ）は下部に移動します。

すると地表面には、雲粒のマイナスの電気に引き寄せられて、プラスの電気が集まってきます。そして雲の中で電気が溜まり蓄えきれなくなると、雲の中で下から上に、または雲の下部から地表面に向けて放電が起き、雷が発生するのです（**図6・1**）。

雲の中で行われる放電が雲内放電、地表面めがけた放電が落雷です。空気は電気を通しに

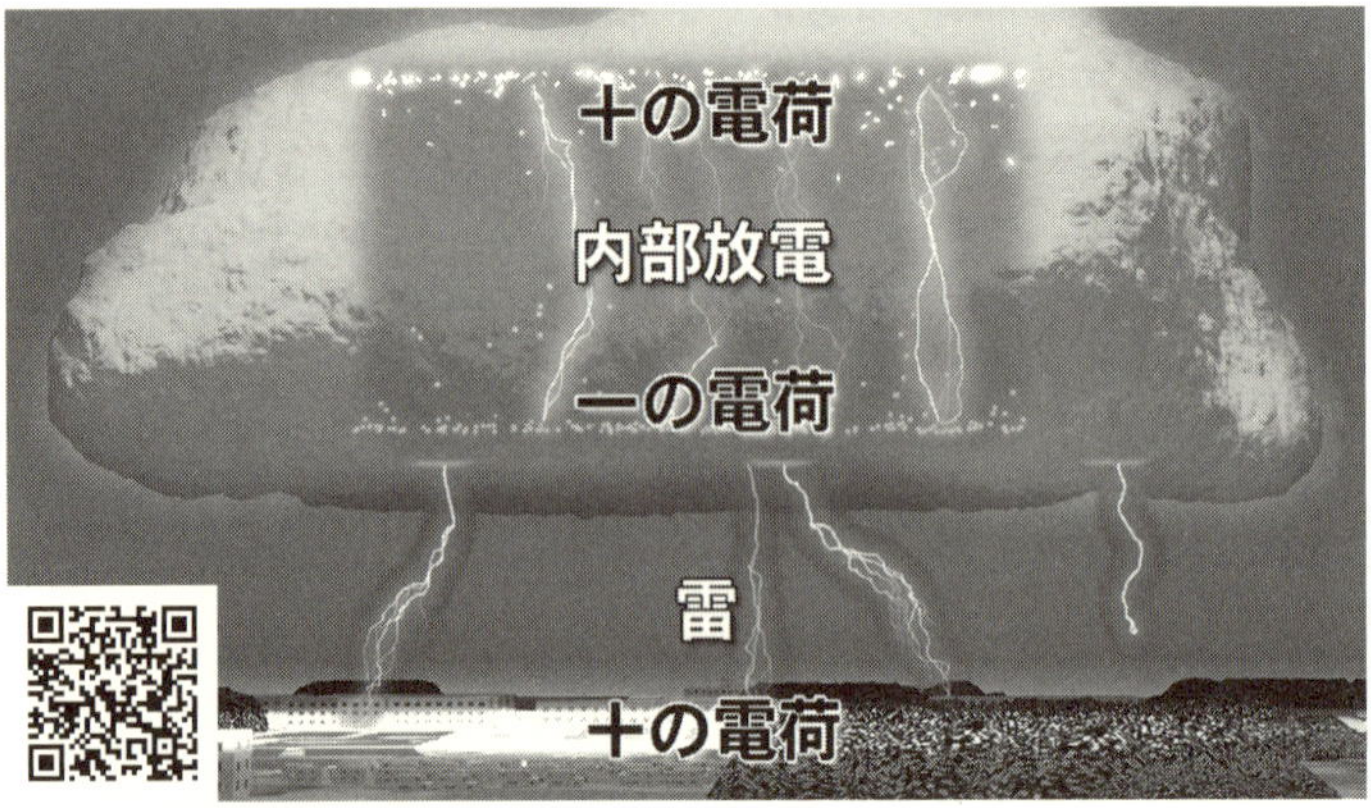

図6・1　雷が発生するしくみ

くい性質を持っているため、雲から放電された電子は空気分子と衝突しながら、ジグザグに進んで地表面に向かいます。これが稲妻の正体です。

雷に当たりやすい状態

それでは、どのような状態にいると落雷に遭いやすいのでしょうか。アメリカ海洋大気庁では興味深いデータ（2006～2013年）を取っています。

落雷による死者の3分の2は、屋外でレジャーを楽しんでいた人々です。そのため曜日で見ると、土曜日と日曜日の落雷被害が最も多いようです。どんなレジャーかというと、海水浴や釣りなど、水辺にいたときが一番多く、2番目が屋外スポーツ、3番目にキャンプが続きます。屋外スポーツの内訳は、1番目がサッカー、2番目がゴルフ、

3番目がジョギング、そして4番目に野球となっています。

落雷被害に遭いやすいのは男性で、その割合は男性81パーセント、女性19パーセントです。男性が多い理由として、男性ホルモンが雷を寄せ付けるという仮説を提唱している研究者もいますが、単純に女性よりも男性の方が、屋外で活動していることが多いから、ともいわれています。

また、落雷の被害者の年齢は10歳から40歳が多いのですが、なぜか30代の被害者は少ないようです。おそらくその理由は、小さな子供を持つ人が多いため、雷が鳴ったらすぐに避難したり、そもそも危険な状態のときに屋外にいないからではないかと考えられます。

世界一雷に好かれた男

たいていの人は、雷に当たらずに生涯を終えるものですが、アメリカ人のロイ・サリバン氏は違うようです。彼は「雷の伝道師」と呼ばれるほど雷に当たりやすい男性で、過去7回も雷に当たった経験があるというのです。嘘のような話ですが、落雷の事実はすべて医者によって証明されており、サリバンは最も雷に当たった男として、ギネスブックにも載っています。

彼はジーン・ハックマン似のなかなかのイケメンだったようですが、ほとんどの女性が彼には近づいていかなかったそうです。その理由はお察しの通りです。ちなみに、唯一近づいた奥さんも雷に一度当たったとか…。

2 虹はどうやってできるの？

*****

虹は、雨粒が太陽光に当たって、跳ね返ってきた光を人の目が捉えたときに見えます。そのため、雨と太陽と人が特定の条件で並んでいるときにしか虹は見えません。ちなみに虹といえば7色ですが、この「7色」は、ある偉人が独断で決めたことなのです。

✷なぜ虹は七色なのか

七曜、七音音階、七福神…。これらはすべて7が基本となっています。7といえば虹もそうです。アメリカではROYGBIV《ロイジービブ》（Red, Orange, Yellow, Green, Blue, Indigo, Violet）などと覚えられています。でも不思議に思いませんか。虹の色はグラデーションなのに、7色と決めるのはあまりにも大胆です。誰が虹の色が7色と言い出したのでしょうか。

図6・2　虹が発生するしくみ

それは、万有引力を発見したニュートンです。ニュートンは虹の色がグラデーションになっていることを知りながら、七音音階と関連づけて「それぞれの色の幅が、音階の間の高さに対応している」として、7色と決めてしまったのです。この考え方が日本にやってきたのは江戸時代末期ともいわれていますが、それ以前は、虹は赤、黄、緑、青、紫の五色と考えられていたようです。

虹のできる条件

そもそも虹はどのようなときに見えるのでしょうか。それは自分が太陽を背にして立っていて、前方に雨が降っている場合です。太陽光がある特定の角度で雨粒にぶつかって反射して返ってきた光を、自分の目が捉えたときに虹が見えるのです（**図6・2**）。

まるで、太陽光という映写機から発せられた光が、雨というスクリーンに映し出されたものを見ているようなものです。

日本の場合、雲は西から東に移動することが多いため、虹ができる状況になりやすい時間帯は、雨が西から近づき太陽が東にある朝か、雨が東に去って太陽が西にある夕方になります。このため、「朝虹は雨、夕虹は晴」「朝に虹は船乗りが警戒し、夕方の虹は船乗りが喜ぶ」ということわざがあります。

虹の色を作り出す原因

多様性の象徴でもある虹の色は、何が作り出しているのでしょうか。

太陽光の色は白っぽく見えますが、実はいろいろな色が混ざって白く見えています。絵の具の色はたくさん混ぜれば黒くなりますが、光の場合は、たくさん混ぜると白くなるのです。光が混ぜ合わさった太陽光を各色に分ける方法の一つに、光をプリズムに通す方法があります。プリズムに太陽の光を当てると、反射によって多様な色の光が出てきます。これらが太陽光を構成している色の正体です。

なぜ違う色の光が見えるのかというと、それぞれの色の光は異なる性質（波長）を持っているため、光がプリズムにぶつかったときに曲がる度合い（屈折率）が微妙に異なるからです。屈折率が小さい順に、赤・オレンジ・黄・緑・青・藍・紫となっていますが、これは虹の色の外側からの順と同じです。

虹の場合は、雨域が大きなプリズムとなって、太陽光が雨粒一つひとつにぶつかり、それぞれ違う角度で反射して返ってくる光を人の目で捉えることで、色鮮やかに見えるのです。

副虹

運の良いときは虹が二重に見えることがあります。内側の虹のことを「主虹」、その上にうっすら見える外側の虹のことを「副虹」「蜺（げい）」とも呼びます。副虹の色の配置は主虹とは反対となり、外側が紫、内側が赤となります。この理由は、太陽光が雨粒の中で2回反射するためです。

このように、虹は太陽光が絶妙な角度で雨粒にぶつかり、人がちょうど良いポジションにいるときに見ることができる現象のため、虹を触りに行こうと近づいても、絶対に虹の下に到達することはできません。このことから、「Chasing Rainbows（虹を追いかける）」という英語のことわざは、頑張っても叶わないことのたとえとして使われます。

3 オーロラはどうやってできるの？

オーロラは、「太陽風」という太陽からのガスが、地球の大気に衝突して発光する現象です。このガスが大気中のどの原子とぶつかるかによって、オーロラの色は変わります。光の織りなす天体ショーは、神秘的で美しく、人々の心をつかんで離しません。

不吉な現象だったオーロラ

遠い昔、日食は不吉な事柄が起きる前触れと恐れられていました。今と違って天文学なども発達しておらず、急に太陽が欠けて、一面が真っ暗になるのですから、恐れられるのも無理はありません。しかし、科学的に解明されるようになった現在では、日食はむしろ観光資源として歓迎される天体現象になりました。

オーロラもまた、不吉な現象と昔の人々には信じられていました。特に赤いオーロラは血が連想されるため、戦争の前兆や神の怒りなどと捉えられていました。また、古代中国でも、赤いオーロラは天からの赤い竜に例えられ、不吉な事や政治の変革の前兆とされていたようです。

近年ではオーロラの正体も徐々に解明され、オーロラにネガティブなイメージを持つ人も少なくなっています。それどころか、人々はオーロラを一目見るために、相当な旅費を払って極寒の地まで行く時代となりました。

20世紀初頭に南極を探検したロバート・スコット（1868～1912年）は、次のような名言を残しています。

「折り畳まれ、揺れる光のカーテンが空に立ち上り、そして広がり、ゆっくり消えて行く。かと思うと、また生き返る。このような美しい現象は、大自然への畏敬の念を持たずに見ることはできない。」

オーロラは私たちの心をときめかせるものです。

オーロラができるしくみ

この神秘的なオーロラは、どのようにしてできるのでしょうか。

これには「太陽風」が関係していると考えられています。太陽風とは太陽から放出されるイオンと電子でできたガスのことで、通常秒速４００キロという猛スピードで地球に向かって飛来しています。一方、地球は一つの巨大な磁石のようになっていて、北極と南極を結ぶ

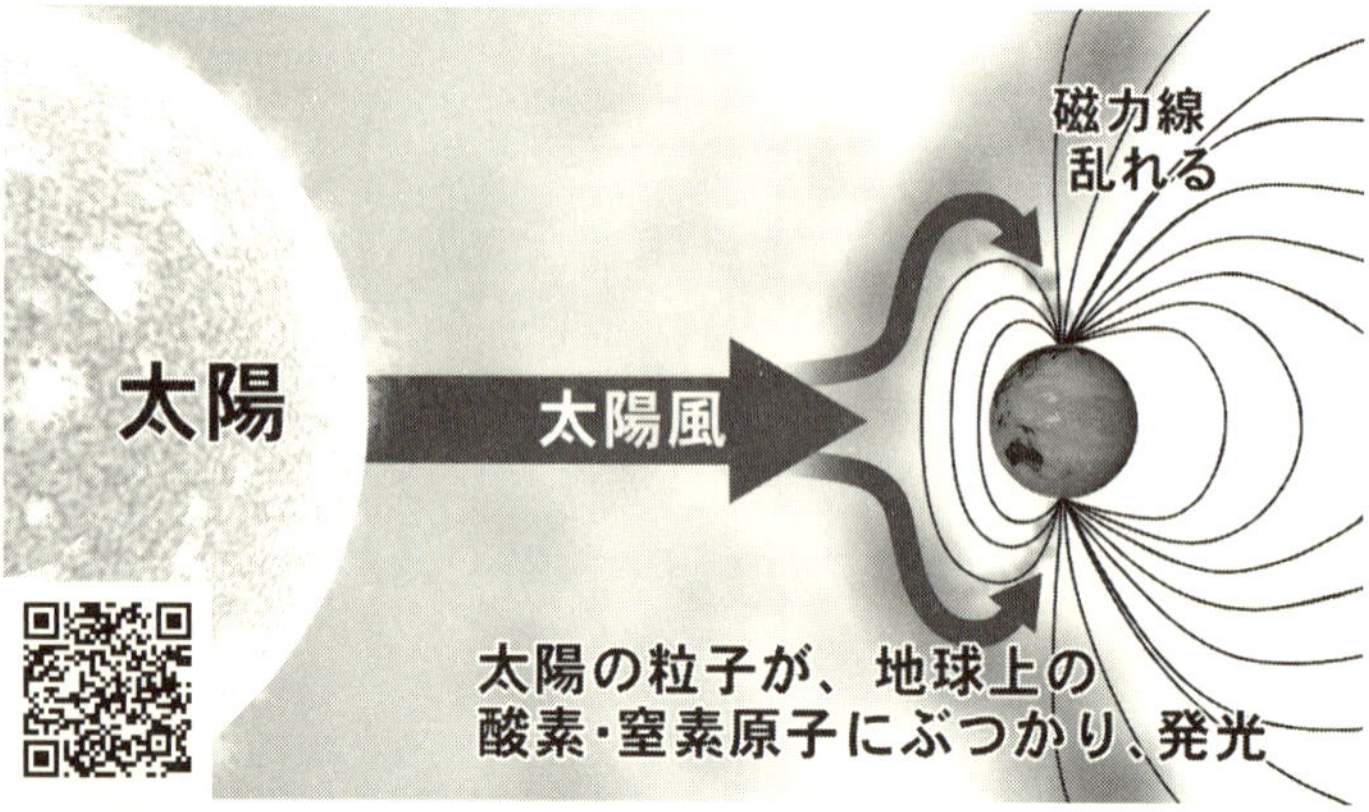

図6・3　オーロラができるしくみ

磁力線が発生しています。この磁力線による磁場が、地球を太陽風から守っているのです。

しかし、強い太陽風が吹くと、地球の磁力線が乱れます。太陽に近い側（昼）の磁力線が圧縮され、太陽と反対側（夜）の磁力線が吹き流されて、尻尾のような形に伸びます。このとき太陽風の粒子が極地方の大気に侵入し、大気中の原子とぶつかることによって光が発生します（**図6・3**）。これがオーロラです。

オーロラの色・形・大きさ

オーロラは様々な色を持ちますが、なぜでしょうか。この理由は、太陽風の粒子とぶつかる、地球大気中の原子の違いによります。具体的には、太陽風の粒子が酸素原子にぶつかると、白、緑、赤に、窒素原子にぶつかると、紫や青になります。

一般的には強い太陽風が起きると、より高度の低いところまで太陽風の粒子が入り込みます。高度が下がると窒素原子が多くなるため、紫や青が発生しやすく、反対に太陽風が弱いと、酸素原子を多く含む大気の上層だけが反応するため、緑や赤が発生しやすくなります。

オーロラは地上約100〜300キロの高さに発生し、その形状から「カーテン」とも称されます。これほど壮大な光のカーテンが自分の頭の上で揺れ動いていたら、極寒の環境も忘れて見入ってしまいますね。

オーロラが見られる場所

世界で最もオーロラが見られる場所は、「オーロラベルト」または「オーロラオーバル」と呼ばれる緯度70〜80度の高緯度地方です。具体的には、カナダ、アラスカ、フィンランド、アイスランド、グリーンランドといった国々・地域になります。

それより低緯度の地方ではオーロラの発生率は激減しますが、それでも見られないわけではありません。「日本書紀」にも、京都で赤いオーロラが見えたと記されていますし、北海道でもオーロラが見られる事があります。

日本で見られるオーロラのほとんどは赤なのですが、その理由は、日本から見られるオーロラの光は、高緯度地方の空高いところで起きているオーロラの一部だからです。酸素原子の多い大気の上層では赤の光が発生します。このために、オーロラの光が火事と誤解され、北海道では消防車が誤って出動を迫られることもあるようです。

日本と世界の四季編

7章 春の天気

1 春の気圧配置

*****

移動性高気圧

春は別れと出会いの季節ですが、天気の世界もまた、変化を繰り返します。大陸から高気圧や低気圧が日本を訪れては去ってゆき、「春に三日の晴れなし」と言われるほど、天気を日々変化させます。

春になると、日本列島を覆っていた寒気が北へ退き、それに代わって暖気が南から流れ込み、高気圧と低気圧とが交互に通過するようになります。この高気圧には2種類があり、一つは中国南部の揚子江付近の暖かな空気を伴った高気圧で、もう一つは冬の間、北東アジアを覆っていたシベリア高気圧から分裂した、冷たい空気を伴った高気圧です。通常、高気圧は動きが遅いものなのですが、春の高気圧は動きが速く、まるでベルトコンベアーのように次々と移動してきます。

春一番

高気圧と高気圧の間には低気圧が発生します。冬の間、日本付近は寒気に覆われているため、暖気と寒気とがぶつからず、低気圧はあまり発生しないのですが、それが春になると一変し、暖気が流入して寒気とぶつかるようになるため、低気圧が発生するようになるのです。暖気が日本海付近まで北上するようになると、日本海では低気圧が発達します。これが日本列島に春の嵐がもたらされる原因となります。

日本列島は温暖前線と寒冷前線との間に挟まれることで南風が吹き込むようになり、強風に見舞われて、気温が急上昇します。このようにして立春後に最初に吹く強い南風のことを「春一番」と呼びます。春一番の語源としては、江戸時代末期、長崎県の漁師たちが、この強い南風によって生じた転覆死亡事故をきっかけとして、注意を促すために名付けたと言われています。その呼び名からは想像もつかない、危険な風なのです。

菜種梅雨

3月中旬から4月上旬の菜の花が咲く頃になると、日本の南の海上には前線が発生し、西日本と東日本の太平洋側を中心に曇天や長雨が続くようになります。これが菜種梅雨です。しかし、初夏の梅雨とは違って、その有無がはっきりしない年もあります。

この菜種梅雨を自らの状況に例えて読んだ、小野小町の有名な和歌があります。

「花の色は／うつりにけりな／いたづらに／わが身世にふる／ながめせしまに」

（春の長雨で失ってしまった花の色のように、物思いにふけることで自らの美貌も失ってしまった）

春の長雨は絶世の美女をも感傷的にさせるようです。

2 ***** 黄 砂

黄砂の発生

黄砂はモンゴルや中国内陸部のゴビ砂漠、タクラマカン砂漠、そして黄土高原などの砂が起源です（**図7・1**）。春になると、それらの砂漠を覆っていた雪が溶け、また頻繁に通過する低気圧が強風をもたらすために、砂嵐が発生します。

暴風により視界が50メートル以下になるほどの酷い砂嵐は、モンゴルや中国で「カラブラン」、「黒風暴」などと呼ばれ、呼吸困難や視界不良に伴う交通事故などが原因で死者が出る

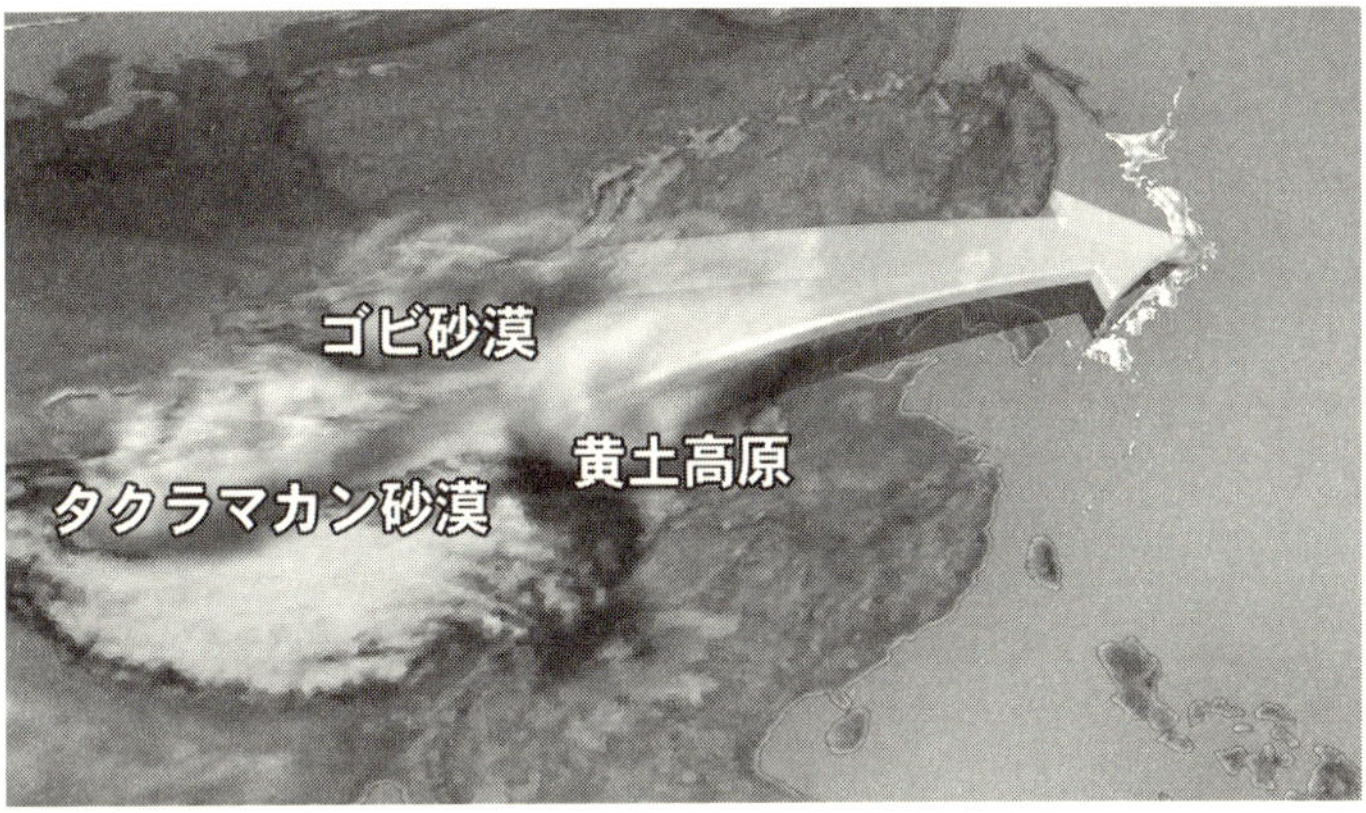

図7・1　黄砂の発生地域

ほどの深刻な被害が生じます。この砂が偏西風に乗って、風下である中国東部、朝鮮半島、そして日本へと運ばれるのです。

空を舞う際に、大きな粒子の砂は地上に落ち、小さな粒子の砂だけが西へと飛ばされます。そのため、発生源から遠く離れた日本に到達する黄砂は、直径およそ4マイクロメートルほどのごく小さいものが大半となります。これは髪の毛の直径のおよそ20分の1の大きさです。それよりもさらに小さな粒子の砂は、ハワイや北米大陸、そしてグリーンランドでも見つかっています。

黄砂による影響

黄砂は飛来する過程で、空中に浮遊している硫酸塩、セシウム、ダイオキシン、細菌やカビ等といった有害物質を吸着して運んでくるため、越境大気汚染物質として嫌われる存在ですが、一方では生態系に良い影響を与えていることもわかってきました。

黄砂に含まれる、カルシウム、リン、鉄といったミネラルが海に落ちることでプランクトンの栄養分となり、それが海の生態系に大きな影響を与えているというのです。また、ハワイの森林は、長い歴史の中で降り積もった黄砂のミネラルによって成長してきたという研究もあります。さらに同じようにアフリカのサハラ砂漠由来の砂が南米大陸まで飛来し、その砂に含まれているミネラル分がアマゾンの森林の成長に関わっていると指摘する研究者もいます。このように砂の飛来は、陸海の生態系に欠かせない現象となっているのです。

3 花粉症

日本人の国民病・花粉症

ガン、心筋梗塞、脳卒中。これらは日本人の三大疾病といわれますが、全国で患者数が最も多いのは花粉症です。今や日本人の3、4人に1人が花粉症ともいわれ、春にはどこからともなく、くしゃみの音が聞こえてきます。

花粉症患者のうち、その8割以上の人を苦しめるのがスギ花粉症です。高度経済成長期に、木材資源として大量にスギが植林されたことに原因があるため、花粉症は人災ともいわれています。

スギ花粉症のシーズンは2月から3月で、温暖な九州から徐々に北日本へと広がります。なお、沖縄や北海道にはスギがほとんど生えていないため、花粉の飛散量が少なく、花粉症患者にとっての避暑地ならぬ、避粉地となっています。

花粉飛散と天候

スギ花粉の飛び始める時期やその量は、天候に関係します。花粉を作るスギの雄花は夏に生長するため、この時期に日射量が多く気温が高いほど、花粉が多く作られます。ただし、花粉の量の増減は2年周期といわれており、前年に花粉の量が多いと、その翌年は気象条件が整った場合でも、花粉の量は多くないこともあるようです。

また、暖冬であるほど花粉の飛び始める時期は早まり、特に風が強い日や、雨の日の翌日なども飛散量が一気に増加します。そして1日のうちで気温が最も高くなる昼間は、上昇気流が起きるために、特に花粉が飛びやすい環境になります。

世界の花粉症事情

海外における花粉症の人の割合ですが、イギリス、ドイツ、フランスなどのヨーロッパ諸国や南半球のオーストラリア、ニュージーランドでは、20パーセントの人が花粉症という調査結果があります。それに対してアメリカでは大人の8パーセント、子供の9パーセントが花粉症という調査結果もあり、前記の国に比べるとやや少ないようです。またアメリカに住む大人の白人は、黒人・ヒスパニック系・アジア系の人に比べて花粉症持ちの割合が高いという報告もあります。

日本ではまれに、桜の花粉で花粉症を発症する人がいますが、海外では、オリーブ、メープル、くるみ、マンゴーの花粉でくしゃみをする人もいるそうです。

4 ＊＊＊＊＊ 桜

桜の開花と気温

満開の桜と入学式の組み合わせは、以前はよく見られる春の光景でしたが、近年それが変わろうとしています。そう遠くないうちに、新入生は新緑の中で入学式を迎えることになるのではないでしょうか。

過去50年の統計から、桜の開花時期が明らかに早まっていることがわかります。例えば、東京都心の桜の開花日を見てみると、１９６６年から１９７５年の10年間の平均は3月31日でしたが、２００６年から２０１５年の10年間の平均では3月23日となっています。つまり、この50年間で約１週間、早まっているのです。このペースで開花日が早まっていくとすると、50年後にはさらに1週間ほど早くなり、東京では3月15日頃が桜の開花時期となり、４月には若葉が芽生えることになるかもしれません。

桜の開花日が早まっている理由として、温暖化によって早春の頃の気温が高くなっていることが挙げられます。桜には「気温４００℃の法則」というものがあり、これは2月1日から日平均気温を合計していって４００℃に達すると桜が開花するというものです。このように、一般的に2月と3月が暖かいほど桜は早く咲く傾向にあります。こうした桜の特性と気温の予想をもとに、毎年、複数の民間気象会社が「桜前線」を発表しています。

ソメイヨシノはなぜ、いっせいに咲くのか

３００種以上ある桜の中で、日本で最も親しまれているソメイヨシノは、いっせいに花が

咲き始めるため、昔から生物気象観測に利用され、春の到来を告げる指標となっています。
それではなぜ、ソメイヨシノはいっせいに咲くのでしょうか。

ソメイヨシノの木は種子で増殖できないため、切った枝を土台の木に挿す「接ぎ木」などの人工的な方法で増やされています。千葉大学大学院の中村郁郎教授らは、日本にあるソメイヨシノの木のもとをたどっていくと、上野公園の一本のソメイヨシノにたどり着くと報告しています。そのため日本にあるソメイヨシノは、同じ遺伝子を持っており、開花時期も揃うというわけです。

このように、ソメイヨシノはクローンであるために、隣の桜の枝が伸びてくると、自分の枝だと思い込んで、樹冠の中に入れてしまう性質があります。そのため枝が重なりあって、日が当たらなくなり、枯れやすくなってしまうのです。しかも、昔から「桜切るバカ、梅切らぬバカ」と言われるように、切り口から腐ることが多く、なかなか簡単には育てることができません。

5 ＊＊＊＊＊ 梅雨

五季の国・日本

日本には四季がありますが、それに加えて梅雨もまた日本の気候を特徴づける重要な季節です。ウェザーニュース社の調査によると、日本人の97パーセントが梅雨を一つの季節として認識しているということで、多くの日本人は日本には四季ではなく五季があると捉えているようです。

梅雨の語源

「梅雨」の語源は何でしょうか。「梅の実のなる頃に降る雨」とか「湿度が高くカビが生えやすいことから〝黴雨（ばいう）〟と呼ばれ、そこから転じた」など諸説あります。もともと「梅雨」は中国の言葉なのですが、江戸時代に儒学者、貝原益軒《かいばらえきけん》らが編さんした『日本歳時記』に「此の月淫雨ふるこれを梅雨（つゆ）と名づく」とあることから、「梅雨《つゆ》」と呼ばれるようになったといわれています。

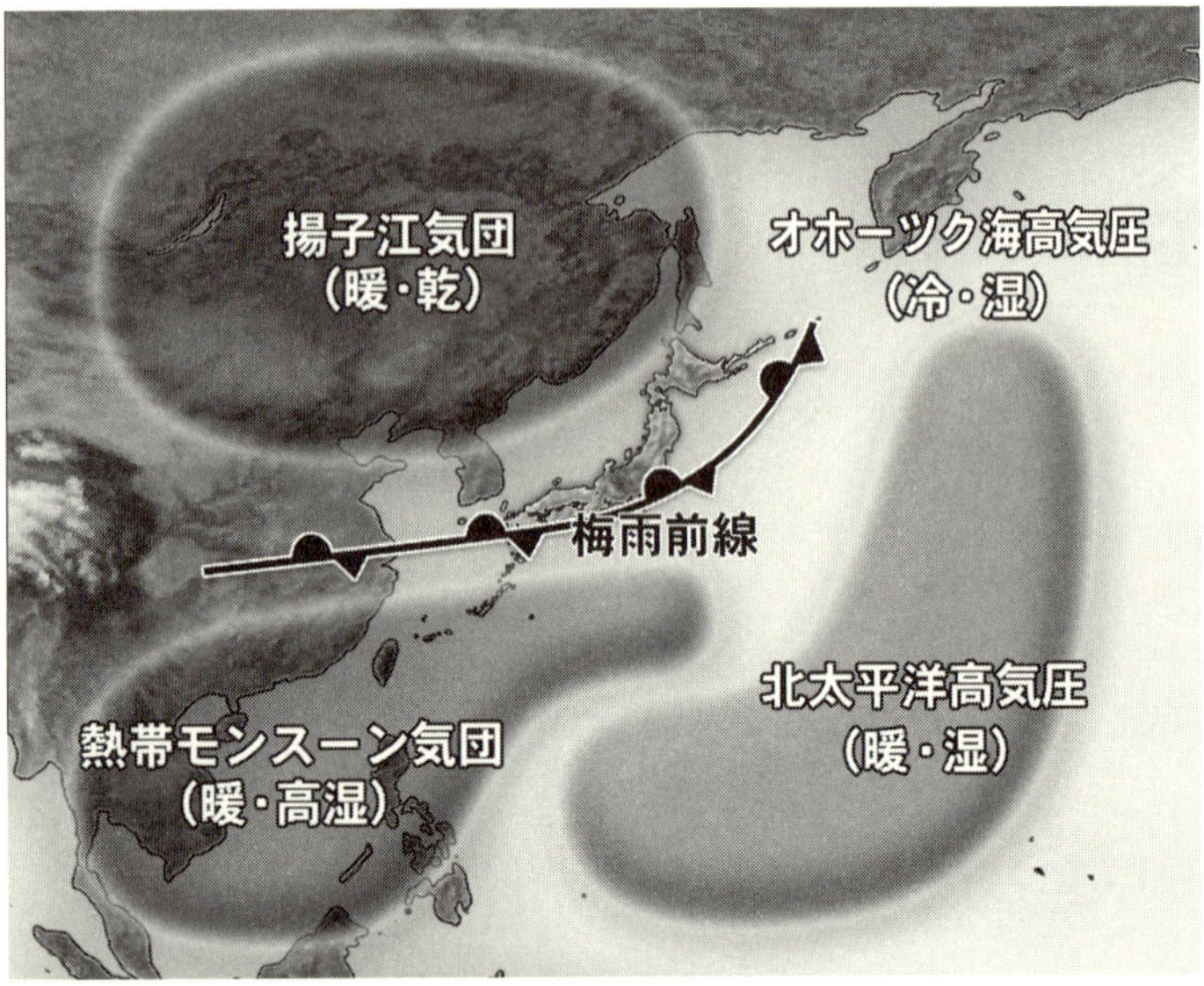

図7・2　梅雨時期の気圧配置

梅雨のしくみ

梅雨の時期には、日本周辺には四つの気団（高温・多湿な空気を持つ北太平洋高気圧、冷湿なオホーツク海高気圧、高温・乾燥の揚子江気団、高温・多湿な熱帯モンスーン気団）がせめぎ合い、その間には「梅雨前線」と呼ばれる停滞性の前線が発生します（**図7・2**）。

西日本では、揚子江気団と熱帯モンスーン気団という陸海起源の空気がぶつかり合い、南北の湿度の差によって大気が不安定になります。

それに対して東日本では、海洋起源の太平洋高気圧とオホーツク海高気圧との気温差によって雲が発達します。

前線の西側には水蒸気をたくさん含んだ熱帯からの空気が入り込むため、一般的に東側よりも降水量が多くなります。このため、梅雨というと、東京の人にとってはしとしと降る雨が、鹿児島の人にとってはザーザー降る雨が思い浮かばれます。前者の梅雨を陰性タイプ、後者の梅雨を陽性タイプと分けられています。

特に梅雨時に注意が必要なのは、西日本に「湿舌」と呼ばれる高温多湿の空気が入り込んだときで、そのようなときは大雨になるため、大規模な洪水や土砂崩れが発生することがあります。

梅雨の時期

梅雨前線は4月頃、中国南部に掛かり始め、5月にかけて台湾、そして沖縄に達します。その後、6月上旬には東京まで到達し、中旬に東北地方、そして7月には朝鮮半島を北上します。梅雨前線は北海道も通過するのですが、その頃には勢力が弱まっているために、北海道では梅雨がないことになっています。また、小笠原諸島は太平洋高気圧の圏内にあるため、梅雨がありません。

ちなみに、旧暦6月の名前は「水無月」ですが、なぜ梅雨時期なのに「水がない月」と書くのかというと、「無」は「の」の当て字で、「水の月」という意味になるためです。

8章 夏の天気

1 夏の気圧配置

霧の街

サンフランシスコは世界有数の霧の街です。この街のシンボルは「ゴールデンゲートブリッジ」ですが、その色は金ではなく、鮮やかな朱色をしています。その理由の一つは、背景と馴染むからなのですが、もう一つは、航行する船にとって霧の中でもよく目立つ色だからです。この色は「インターナショナルオレンジ」と呼ばれ、東京タワーにも使用されています。

日本の霧の街としては釧路が挙げられます。釧路は年間100日程度も霧に包まれますが、その多くは夏に発生します。サンフランシスコでも霧は夏に多いのですが、これらの二つの街の霧の原因には共通点があります。それは太平洋高気圧（北太平洋高気圧）の存在です。

太平洋高気圧の特徴としくみ

太平洋高気圧は、ハワイ諸島付近に中心を持つ、太平洋一帯に広がる高気圧です。一年を通して発生していますが、夏にはアメリカ西海岸から日本、ときには中国東岸や朝鮮半島にまで達することがあります。

太平洋高気圧の周囲では、時計回りに風が吹いています。その暖かな風が釧路などの北海道太平洋岸の冷たい海水（「親潮」と呼ばれる寒流）の上を吹いたときに、温度差によって霧が発生します。太平洋高気圧の反対側にあるサンフランシスコでも同様に、冷たい海水（「カリフォルニア海流」と呼ばれる寒流）と太平洋高気圧による暖かな風との間に気温差が生じて、霧が発生するのです。

太平洋高気圧はどのようにして発生するのでしょうか。太平洋高気圧には地球規模の大気の循環が影響しています。４章１節で説明したように、赤道付近では太陽が真上から当たり日射量が多くなるため、上昇気流が盛んになり低圧部となっています。上昇した空気が上空まで達すると、南北半球に分かれ、空気が下降するところに高圧部ができます。その北半球側が太平洋高気圧になります。太平洋高気圧の空気の厚さは、およそ10キロメートルにもなり、「背の高い高気圧」とも呼ばれます。

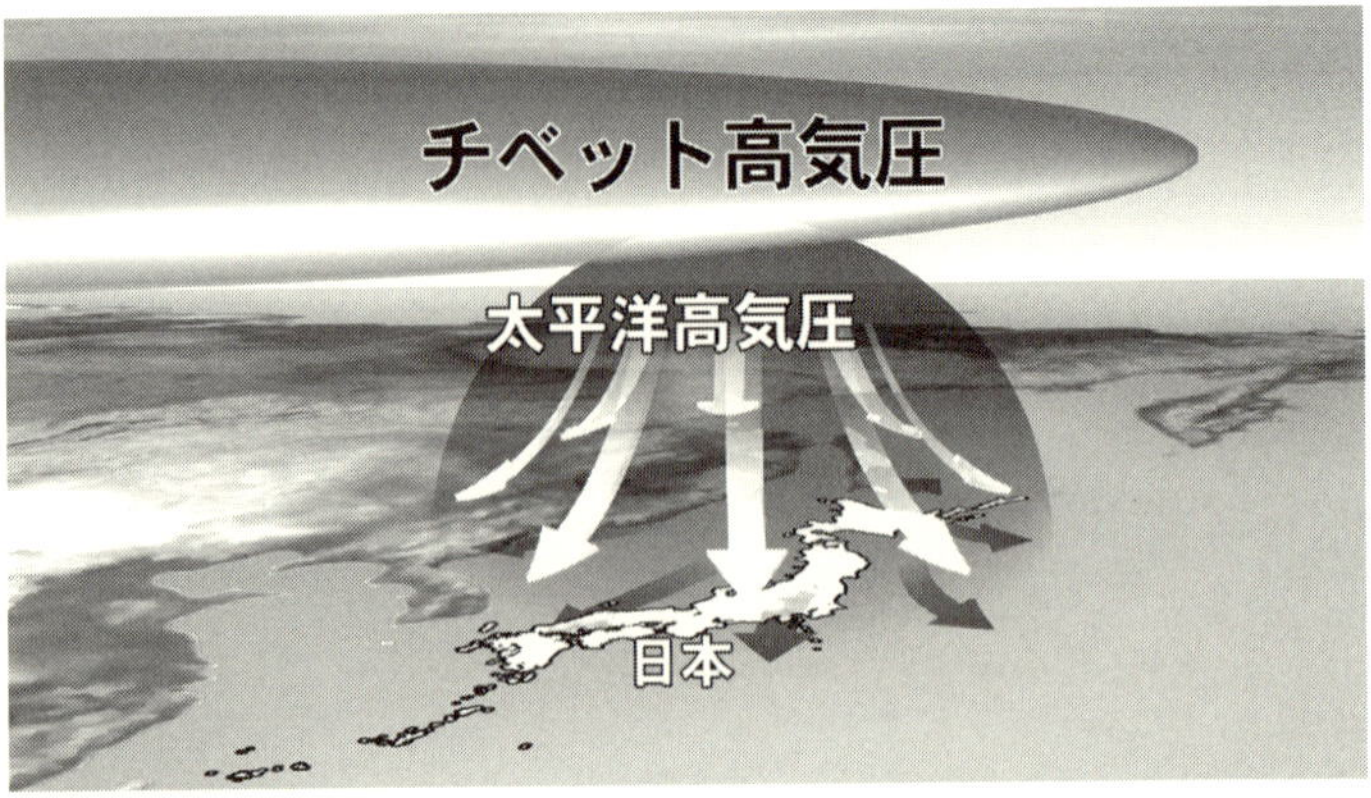

図8・1　チベット高気圧と太平洋高気圧

チベット高気圧の特徴としくみ

2013年の夏、日本列島は記録的な猛暑となりましたが、このような猛暑のときは太平洋高気圧に加えて、チベット高気圧が影響していることが多いです。

チベット高気圧は、チベットやヒマラヤ付近に中心を持ち、太平洋高気圧よりもさらに上空の高度10キロメートル以上に存在しています。

山脈や高地といった標高の高い場所では、日射量も多くなるため、空気が温まりやすくなります。空気は温まると膨張するのですが、この膨張が対流圏界面で上から押さえつけられることで圧縮され、気圧が高くなります（**図8・1**）。これがチベット高気圧の正体です。

このチベット高気圧が日本まで勢力を伸ばすと、

太平洋高気圧に上からフタをする形になり、その結果、猛暑となるのです。2013年8月に高知県四万十市で、国内史上最高気温（2016年時点）となる41・0℃が観測されましたが、このときも太平洋高気圧とチベット高気圧の2段重ねの高気圧が日本列島を覆っていました。

2 ＊＊＊＊＊ 冷夏

記録的な冷夏の年

1993年、日本はこれまでにない冷夏となり、「平成の米騒動」とも呼ばれる米不足が起こりました。東北地方を中心に米の生産量が急減し、スーパーなどの店頭からは国産米がなくなり、かわって緊急輸入されたタイ米などが並びましたが、消費者には受け入れられませんでした。この年は、エアコンの出荷やビールの消費なども落ち込み、「冬は寒いほどよし、夏は暑いほどよし」という商売の鉄則が実証されたような年でした。しかし、そのような冷夏でも売れ行きを伸ばした商品もありました。例えば、夏風邪をひく人が増えたことによる風邪薬や、アイスクリームのかわりに買われたチョコレートなどのお菓子です。

この1993年の冷夏は何によってもたらされたのでしょうか。

それは「オホーツク海高気圧」が長く居座ったことによります（**図8・2**）。

オホーツク海高気圧の特徴としくみ

オホーツク海高気圧は、オホーツク海周辺に中心を持つ冷涼で湿潤な空気を伴った高気圧で、梅雨時期から初夏にかけて出現します。

高気圧の中心に近い北海道では晴天が多くなることもありますが、東北や関東の太平洋側では、高気圧の縁辺を流れる時計回りの風によって「やま

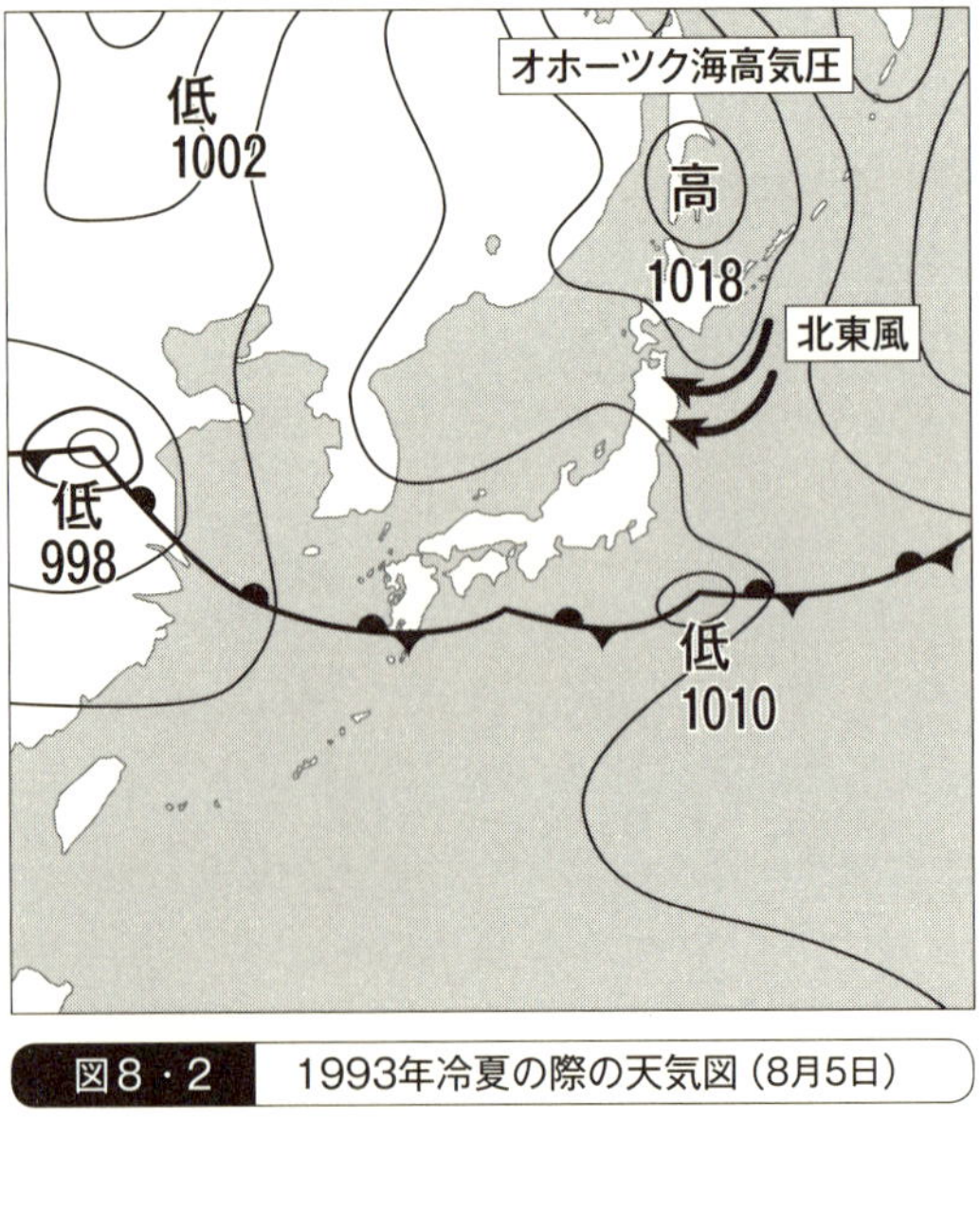

図8・2　1993年冷夏の際の天気図（8月5日）

せ」と呼ばれる冷湿な北東風が吹き、曇天と低温が続くことになります。

オホーツク海高気圧が現れると数日から数週間も居座るために、低温や日照不足になりやすく、農作物などに大きな被害をもたらします。

オホーツク海高気圧はどのようにして発生するのでしょうか。それは、海水と陸地の温まりやすさの違いに原因があります。夏季、シベリアでは強い日射によって上昇気流が増える一方、オホーツク海は相対的に低温になり、空気が沈降します。このため、シベリアが低圧部、オホーツク海が高圧部となり、オホーツク海高気圧が発生するのです。

「やませ」による影響

前述した「やませ」は、高度が１５００メートル以下の高さで吹いているため脊梁山脈を越えることができず、冷たい空気が太平洋側にとどまります。そのため岩手県や宮城県などの太平洋側では、低温や霧などが続くことになり、農作物（特にコメ）の生産に影響を与えます。これらの地方には「けがじ（飢饉）は海から来る」ということわざもあるほどです。

１９９３年の冷夏の際、青森県の下北半島では、平年との米の収穫量の差を表す作況指数（平年収穫量を１００として、90以下だと著しい不良）がゼロになった地区もあり、史上最悪ともいわれる大不作の年となりました。寒さに弱い品種の「ササニシキ」はこのときの冷夏によって大打撃を受けたため、それ以降は寒さに強い「ひとめぼれ」が多く作られるようになり、今では「コシヒカリ」に次ぐ生産量になっています。

一方で、北東風が脊梁山脈を越えると、フェーン現象によって乾いた暖かい空気となり、秋田県や山形県といった東北の日本海側では晴天・高温となり、農作物のできが良くなることがあります。この風は「宝風」と呼ばれて歓迎され、

「吹けや小保内東風《おぼねだし》七日も八日も（ハイハイ）吹けば宝風のォ稲実る」

秋田ではこんな陽気な民謡も歌われるほどです。

3 光化学スモッグ

ロサンゼルスを覆った謎の霧の正体

第二次世界大戦中、ロサンゼルスの街が、突然、謎の霧に包まれて、目のかゆみや頭痛、吐き気などの不調を訴える人が続出したことがありました。なかには日本軍が毒ガス攻撃をしてきたと勘違いした人もいたようです。

戦後、カリフォルニア工科大学教授のハーゲン・シュミット氏により、この現象は次のよ

うに解明されました。ロサンゼルスは戦争によって自動車産業が活況となり、多くの工場が新設され、また、移民の増加に伴い自動車使用が急増していました。これらの要因によって空気が加速度的に汚染され発生した霧の正体が「光化学スモッグ」だったのです。

　このように光化学スモッグは、アメリカで最初に解明されたことから「ロサンゼルス型スモッグ」とも呼ばれ、4章2節で説明した冬のスモッグを「ロンドン型スモッグ」と呼んで区別することもあります。

光化学スモッグのできかた

　光化学スモッグは夏の暑い日に、太陽光の働きによって発生します。

　工場や自動車から出る排気ガスには、窒素酸化物や炭化水素などの物質が含まれています。これらが空高く上昇し、太陽光（紫外線）を浴びることで光化学反応を起こし、「光化学オキシダント」と呼ばれるオゾンなどの物質に変化します。これらが大量に発生して、霧のように滞った状態が、光化学スモッグです。

　光化学スモッグが発生しやすいのは4～10月の間で、特に夏季、日差しが強く、気温が高く、風が弱いという気象条件が重なったときです。

光化学スモッグによる健康被害

光化学スモッグが高濃度になると、目や呼吸器などの粘膜を刺激して、健康被害が生じる恐れがあります。目がチカチカする、目が痛い、涙が出るといった症状のほか、咳が出る、息苦しいといった症状や、吐き気や頭痛が起こることもあります。

日本で光化学スモッグの危険性が注目されるようになったのは、1970年7月18日、東京都杉並区の高校において、体育の授業で校庭で運動していた多数の生徒が、目の痛みや頭痛などを訴えて病院へ運ばれたことによります。この出来事が発生した7月18日は「光化学スモッグの日」となりました。

気象庁は「スモッグ気象情報」、都道府県は「光化学スモッグ注意報・警報」などを発表して注意を呼びかけています。光化学スモッグが発生した場合は、速やかに室内に移動して、窓を閉めるなどの対策を取りましょう。

4 ***** 熱中症

海外での熱中症の発生

アメリカ第3の都市シカゴは「ウィンディ・シティ（風の強い街）」と呼ばれています。この理由はミシガン湖から吹き込む風によって、夏でも涼しくて快適という、観光産業の思惑も関係しているようです。シカゴの夏は、最高気温の平均が28℃ほどで、風もあることから比較的過ごしやすいといえるのですが、1995年の夏は突然の熱波に襲われました。

このときは気温が40℃以上まで上昇し、5日間の熱波で700人以上が亡くなるという異常事態が生じました。犠牲者の多くは、部屋にエアコンがなく、夜間、防犯のために窓を開けることができなかった人々でした。この悲劇から熱中症の研究が加速しました。

その後、2003年8月には、ヨーロッパを前例のない猛暑が襲いました。このときは夏でも冷涼な地域でも35℃以上の気温が連続して観測され、フランス、イタリア、イギリスなどでは3万5千人以上が亡くなりました。そして皮肉なことに、この猛暑によって、ぶどうの甘みが凝縮されて、極上のビンテージワインになった地域もあったということです。

日本での熱中症の発生

熱中症とは環境省によると「高温環境下で、体内の水分や塩分のバランスが崩れたり、体内の調整機能が破綻するなどして発症する障害」とされています。

日本における熱中症による死亡者数は、年々増加の一途をたどっています。１９９３年以前は年平均70人ほどでしたが、１９９４年以降は５００人ほどまで増えています。この理由の一つとして夏季の気温上昇があり、特に気温が高かった２０１０年は熱中症で１７００人以上が亡くなっています。

熱中症による死者は、圧倒的に男性の方が多くなっています。その理由として、屋外労働者には男性が多いことがありますが、その他にも、男性は女性に比べて筋肉量が多いので体温が上がりやすいことも挙げられます。

一方、幼児の死亡例も目立ちます。幼児は大人よりも汗腺が少ないため発汗しづらく熱中症になるリスクが高いのですが、死亡例の多くは、乗用車内に幼児が閉じ込められた際に起きています。

熱中症対策WBGT

熱中症の患者数は、日最高気温が29℃くらいから増加する傾向があり、32℃を超えると急激に増えるようです。しかし人が暑さを感じる最大の原因は気温ではなく、湿度にあります。湿度が高いと発汗が抑制され、体温調整が難しくなるからです。つまり熱中症のリスクを考えるとき、気温に気をつけるだけでは不十分なのです。そこで、環境省は湿度、気温、輻射熱（地面、建物、体などから出る熱）などを総合した「暑さ指数（WBGT：Wet-Bulb Globe Temperature：湿球黒球温度）」という熱中症対策の指標を暖候期に発表しており、この指標を参考にして、日々の活動を行うことを推奨しています。

9章 秋の天気

1 秋の気圧配置

秋晴れ

日本を代表する洋画家の一人で、ルノアールに師事したこともある梅原龍三郎氏（1888～1986年）の作品に、「北京秋天」というタイトルの、北京の秋の鮮やかな青空を描いた絵画があります。北京は、黄砂に覆われる春を経て雨の多い夏が終わると、移動性高気圧に覆われて、穏やかに晴れることが多くなります。

その後、北京を覆っていた高気圧は東へと移動し、日本列島に爽やかな秋の好天をもたらします。10月10日が東京五輪の開会式だったのも、11月3日が晴れの特異日であることも、この頃が晴れやすい時期だからです。

しかし、秋になったばかりの頃は晴天が多いわけではありません。夏の天気を支配していた太平洋高気圧が日本から退いていくと、その高気圧の縁を回るようにして台風が日本列島に上陸するようになります。また、日本列島が、北からの冷たい空気と太平洋高気圧からの暖湿な空気との境に入るために、前線が停滞しやすくなり、梅雨ほどは明瞭ではないものの、ぐずついた天気が多くなります。この頃の長雨のことを「秋霖《しゅうりん》」や「すすき梅雨」とも呼びます。

初霜の便り

4章1節で述べたように、秋は太陽が斜めから照らすようになることで気温が下がるとともに、移動性高気圧によって風のない澄んだ空となって、放射冷却が強まり、朝晩の気温もぐっと低くなります。そして初霜や初冠雪、紅葉といった季節の便りが、山々や北日本から届くようになります。

このような気温の変化は、自動販売機の飲み物のラインナップにも影響し、「コールド」飲料から「ホット」飲料への切り替えが始まります。そのタイミングは飲料会社によっても異なりますが、おおよそ最高気温が20℃未満、最低気温が13℃程度になった頃といわれ、朝晩の冷え込みが厳しい郊外では10月、市街地では11月頃が多いようです。

「秋の日と娘の子は…」

「秋の日はつるべ落とし」というように、この時期は日が沈むのが早く感じられますが、これはなぜでしょうか。

図9・1は2017年の東京における日の入りの時間の前月同日との時間差を表しており、8月から9月、9月から10月の時間差は、他の月よりも大きいことがわかります。

このように秋は日がすぐ暮れてしまうということを例えたことわざがあります。

「秋の日と娘の子は、くれぬようでくれる」

(秋の日には太陽が暮れないようですぐ暮れてしまうように、娘もなかなか嫁にくれなさそうに見えるのに、意外と簡単にくれてしまうこと)

一方、日の入りの時間が遅くなる春には、こんなことわざもあります。

2017年の日の入り時間		前月との時間差
1月23日	16:59	—
2月23日	17:30	31分
3月23日	17:55	25分
4月23日	18:21	26分
5月23日	18:45	24分
6月23日	19:00	15分
7月23日	18:53	-7分
8月23日	18:21	-32分
9月23日	17:37	**-44分**
10月23日	16:56	**-41分**
11月23日	16:30	-26分
12月23日	16:32	2分

図9・1　東京での日の入り時間の前月との差

「春の日と親類の金持ちはくれそうでくれない」

昔の人はなかなか洒落がきいていますね。

2 ***** 中秋の名月

お月見の習慣

「月々に月見る月は多けれど　月見る月はこの月の月」

有名な和歌ですが、ここで詠まれている「月」は何月のことかというと、月が八つあることから旧暦の8月（今でいう9月頃）になります。つまり「中秋の名月」を詠んでいるのです。


また、気楽で苦労のないことを「いつも月夜に米の飯」とたとえるように、電気がなかった時代は、月明かりがことのほか大切なものでした。月の出ていない闇夜は、追いはぎに襲われたり、闇討ちにあったり、という危険も高まり、何かと物騒でした。こうしたことから、月に対する感謝の気持ちが人々の間に生まれ、お月見の風習になったのでしょう。

中秋の名月と六曜

ところで、六曜が中国から伝わったのは鎌倉時代後期とされていますが、今でも冠婚葬祭などの際に、仏滅や大安などの六曜を気にする人も多いでしょう。しかし陰暦の時代には、六曜を信じる人はあまりいなかったようです。というのも、六曜の決め方は、陰暦の月と日にちを足して6で割るだけ。割り切れれば大安、余りが1なら赤口、2なら先勝、3は友引で4は先負、5は仏滅と、あまりにも単純なものだからです。

例えば、中秋の名月「十五夜」は陰暦8月15日なので、8と15を足すと23。それを6で割ると余りは5となるため、毎年中秋の名月は必ず仏滅となります。同様に「十三夜」は陰暦9月13日なので、9と13を足して6で割ると余りは4。つまり先負となります。

旧暦が使われていた時代は、日付と六曜がリンクしていたため誰も気に留めませんでしたが、明治の改暦で太陽暦が採用されると、太陰暦をもとに作られた六曜は年によって変動するようになり、神秘性が増しました。このことが、お葬式は友引の日を避ける、結婚式は大安が好ましい、といった迷信に繋がっていきました。

ところで、月が人間や動物の行動に影響を与えているという説は、古今東西で言われています。有名なのは狼男やジキル博士とハイド氏の物語ですが、アメリカの精神科医である

A・L・リーバーの著書『月の魔力』によると、満月の日には殺人事件や交通事故が増えるとされています。月の引力によって人間の体内水分にも「生物学的な潮汐」が生じ、このリズムが人間の精神を不安定にしている可能性がある、ということです。

この真偽のほどはわかりませんが、満月を見ると何か得したような、いつもと違う気持ちになるのは、筆者だけではないのではないでしょうか。

3 ***** 台風と竜巻

台風が来襲しやすい日

富山市南西部の山あいに越中八尾《えっちゅうやつお》という小さな集落があります。普段は静かな小さな集落なのですが、毎年9月1日頃に催される「おわら風の盆」という、情緒豊かな踊りや唄が楽しめる祭りの際には、何十万人という観光客が押し寄せてきます。

この祭りは江戸時代から続くもので、台風の厄日と言われていた「二百十日（立春から210日目）」に合わせて行われる、台風の風鎮めの祭りとされています。

このように秋は台風が日本に来襲しやすい季節で、特に9月は大きな被害が集中しています。例えば、上陸時の中心気圧が低い（勢力が強い）台風の順位をみても、10位中7個の台風が9月に発生しています。また、特に大きな被害を与えた台風には室戸台風や伊勢湾台風のように名前がつけられるのですが、これまでに命名された台風はすべて9月に発生したものです。

立春から210日目は9月1日頃に相当しますが、戦後の台風の統計を見ると、9月17日と26日頃に強大な台風が上陸しており、両日は「台風の特異日」と呼ばれています。

台風による災害

台風による主な災害には、強風、大雨、高潮、そして海塩が風で飛ばされて農作物に被害が出る潮風害《ちょうふうがい》があります。このなかでも高潮による被害は大きく、伊勢湾台風の死者・行方不明者の7割は高潮が原因といわれています。また、世界で最多の死者数を出したサイクロン・ナルギス（2008年5月）の際も、高潮によってミャンマーで10万人以上の死者を出しています。

台風が竜巻を発生させる

台風はこれらの災害をもたらすだけでなく、しばしば竜巻を発生させます。

日本における竜巻発生の最多月は9月、次いで10月となっています。2013年9月に愛知県に上陸した台風18号は、和歌山県から宮城県にかけて10個の竜巻を発生させ、これは一つの台風に伴う竜巻の最多記録となりました。ちなみに世界記録は、2004年9月にアメリカ東海岸を襲ったハリケーン・アイバンによる117個です。

毎年千個以上の竜巻が発生するアメリカでは、ほぼ毎日どこかで竜巻が発生しているため、竜巻の特異日とされる日はありません。ただし、3年連続同じ日に竜巻に襲われた不運な場所があります。それはカンザス州コデルという小さな町で、1916年、17年、18年の5月20日に、F2、F3、F4の竜巻に直撃されました。しかも竜巻の発生時間は三つとも午後6時から9時の間というほぼ同時刻でした。

4 ***** 紅葉

江戸時代、日本では獣肉を食べることが禁止されていました。そのため、馬の肉を桜、イノシシの肉を牡丹、そして鹿の肉を紅葉などと、わざわざ別名で呼んでいました。今でも鹿肉が「紅葉《もみじ》」と呼ばれるのは、花札の「鹿と紅葉」に由来します。この「鹿と紅葉」は神と崇められていた鹿を誤って殺してしまった小僧が生き埋めにされ、母親が子の墓のそばに紅葉を植えた、という悲しい話からきているそうです。

秋は紅葉の美しい季節ですが、これはもちろん日本に限ったことではなく、ヨーロッパやアジア、北米大陸などでも多くの人々が色とりどりの風景を楽しみにしています。アメリカ北東部のニューイングランド地方では、毎年の秋の観光収入が30億ドルに達するとも試算されるほどです。また、メープル街道で有名なカナダでは、赤く色づいた葉が国旗にも使われています。

紅葉に最適な気候

色鮮やかな紅葉となるには、次のような気象条件が求められます。
・昼夜の寒暖差が大きく、晴れの日が続き、湿度が低いこと
・夏の間、暑くて日射量が多く、また適度な降水があること
朝の最低気温が7℃前後になると紅葉が始まり、5℃以下になると一気に進むといわれています。最近「都会の紅葉の色が鮮やかではなくなってきた」といわれるのは、4章4節でも取り上げたヒートアイランドによって、夜の気温がそれほど下がらなくなっていることが原因のようです。

紅葉前線

紅葉日や黄葉日とは、基準となる木（標準木）の大部分の葉が色づいたときですが、それを場所別に表したものが「紅葉前線」です。日本では紅葉前線は北海道の大雪山から始まり、九州へとおよそ一、二ヶ月かけて進んでいきます。その速さはおよそ時速1キロ、1日に20キロメートル程度と、赤ちゃんのハイハイなみの速度で日本列島を南下していきます。

10章 冬の天気

1 冬の気圧配置

*****

世界一寒い村

シベリアにあるオイミャコン村では、１９３３年2月に気温がマイナス68℃まで下がり、南極以外での世界最低気温としてギネスブックにも載っています。この村では冬季、「星のささやき」という、吐いた息の水蒸気が瞬間的に凍り、サラサラと音を立てる現象が起こります。住民はそれほど過酷な環境の中で暮らしているのですが、興味深いことに、この村は長寿の村と呼ばれており、１００歳まで生きる人も珍しくはないようです。この理由の一つに、このような低温では細菌やウィルスが繁殖しづらく、感染症にかかりにくいことがあるようです。

シベリアはなぜ寒いか

シベリアが寒い理由として、高緯度のため冬季は太陽が昇らない、大陸の中央に位置するため海からの温暖な空気が入ってこない、地面から熱が奪われる放射冷却が盛んである、といったことが挙げられます。

通常、冷たい空気は暖かい空気よりも密度が大きく重いため、シベリア上空の冷たい空気も沈降し、空気の層が厚くなって気圧が高くなります。これがシベリア高気圧の正体です。高気圧の世界最高記録である1083・8ヘクトパスカルもこのシベリア高気圧によるものです。

風は、気圧の高いところから低いところに流れるため、シベリア高気圧よりも相対的に気圧の低いアジアやヨーロッパへ、強風とともに寒冷な空気を送り込みます。特に高気圧の勢力が強いときは、シベリアから遠く離れたフィリピンやカナダの気象へも影響を及ぼします。

日本の冬の典型的な気圧配置

日本の冬の気象もまた、このシベリア高気圧に支配されています。東京の緯度は約35度と、ロサンゼルス、アテネ、カサブランカと大きく変わらないのですが、東京の冬（12月～2

月）の平均気温はこれらの都市よりも約5℃も低く、この理由の一つにシベリア高気圧の影響が挙げられます。

冬の典型的な気圧配置といわれる「西高東低」ですが、これは日本の西にシベリア高気圧、東の太平洋上に低気圧という配置です。この気圧配置になって10月半ばから11月末頃最初に吹く北寄りの強風（毎秒8メートル以上）のことを「木枯らし1号」と呼びます。近年は温暖化の影響により、木枯らし1号の吹く時期が遅れる傾向にあるようです。

首都圏の大雪の原因

普段はあまり雪の降らない首都圏に

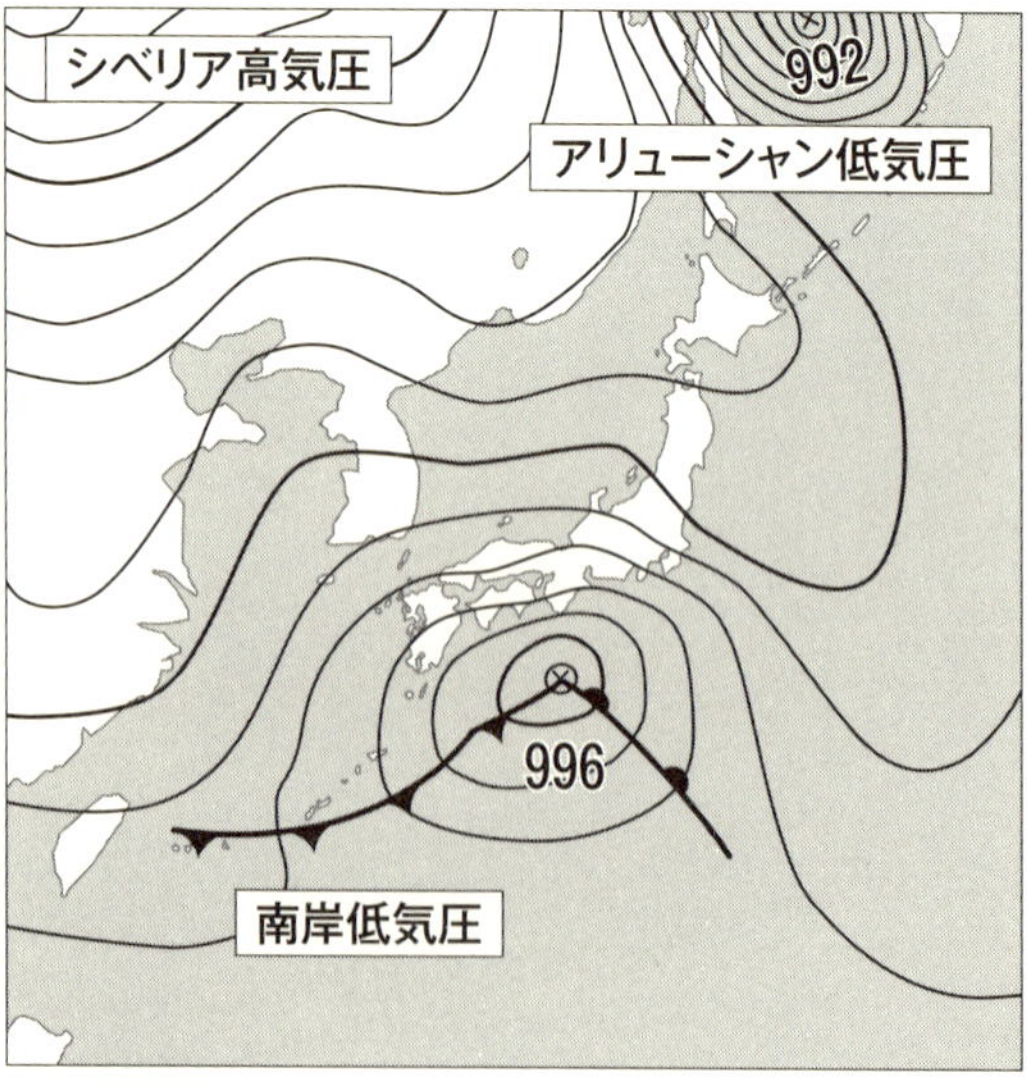

図10・1　冬の南岸低気圧（2014年2月8日）

大雪を降らせるのが「南岸低気圧」です。冬の後半にシベリア高気圧の勢力が緩むことで、東シナ海で低気圧が発生、日本の南の海上を通過します（**図10・1**）。その際に北からの寒気を引き込むことで、太平洋側に大雪を降らせます。

この場合も、気温が氷点下付近まで下がりきらないと、雪ではなく雨となるため、東京の雪の予報はしばしば外れることがあります。南岸低気圧の中心が、八丈島の上を通過すると、東京では雪になりやすく、八丈島より北だと雨、南だと曇りとなりやすいことが知られています。

南岸低気圧はその後、発達しながら北東に進み、アリューシャン低気圧となって、アラスカなどで猛威をふるうことがあります。一方、ハワイでは、アリューシャン低気圧からのうねりの影響で波が高くなり、格好のサーフスポットとなります。

2 ＊＊＊＊＊ 冬季雷

人工衛星がとらえた「スーパーボルト」の正体

1963年、アメリカは「部分的核実験禁止条約」の締結を受け、人工衛星「ヴェラ」を打ち上げました。ヴェラはソ連などの核実験を監視することが本来の目的だったのですが、結果的には気象学に多大な貢献をすることになりました。例えば、ヴェラは地球上の雷を探知することができたため、通常よりも桁違いに明るく光る雷の存在を突き止めました。この雷は「スーパーボルト」と呼ばれ、冬の日本海沿岸やスカンジナビア、五大湖周辺などのごく限られた地域で発生していることが明らかになりました。

冬季雷のエネルギー

北陸や東北地方に冬季発生するスーパーボルトは「冬季雷」と呼ばれ、とても大きなエネルギーを持っているため、通常の雷光の10倍から100倍ほどの明るさになります。雷鳴も大きく、地鳴りや地響きにも思えるような、恐怖心を煽られるような轟音です。

冬季雷はこのように大きなエネルギーを持っているのに対して、それを発生させる雲は、夏よりも小さな規模のものです。この理由の一つに、冬の雲は高度が低いところにできている分、地上に近く、雷のエネルギーが強くなることが挙げられるのですが、現在でもまだ詳しいしくみは解明されていません。

冬季雷は、何度も発雷する夏の雷と違って、発雷のエネルギーが大きいため、通常1回の発雷で終わります。これを一発雷と呼びます。

空に向かって雷が走る

一般に雷は空から地面に落ちるものと思われていますが、冬季雷はその逆で、多くの場合地上から空に向かって稲妻が走る、上向き放電です。高いビル、送電鉄塔や樹木などから雲に向かって放電が起こります。

空から落雷するわけではないため安全かというと、そうではありません。冬季雷のエネルギーを作るほどの電荷が地上の一箇所に集まるため、その場所に人がいたらひとたまりもありません。

雷発生数日本一の場所

冬季雷が多く発生する場所は、東北地方から近畿地方の日本海側で、なかでも金沢市は日本一落雷の多い街となっています。年間で雷が発生する日数の平均は42・4日（1981〜2010年）で、夏に落雷が多い宇都宮市の24・8日、また東京都の12・9日と比べても、非常に多いことがわかります。

雷は送電線や風力発電設備などに被害をもたらしますが、冬季雷の到来を待ちわびている漁業関係者もいます。冬が近づき、海が大時化になってくることで、小魚が静かな富山湾に逃げ込み、鰤《ぶり》がそれを追って集まってくるようになるからです。このため、日本海側（特に北陸地方）では冬季雷のことを「ぶり起こし」とも呼びます。

3 流　氷

*****

流氷が生んだ知床の自然

２００５年、知床はユネスコの世界自然遺産に登録されました。特に高く評価された点は、世界的に類を見ない、特殊な生態系のしくみにありました。知床では、栄養豊富な海が魚やアザラシ、海鳥などといった海の動物を育む一方、海から遡上したマスやサケなどの魚が、ヒグマやキタキツネといった陸の動物の餌となり、陸海で一連の食物連鎖が形成されています。

このような知床独自の生態系を支えているのが流氷です。流氷の底部では植物プランクトンの一種の藻類（アイスアルジー）が繁殖し、そこから多種多様な生態系が形成されているのです。

流氷のメカニズム

オホーツク海は、北半球における流氷ができる海としては最南に位置しています。知床の緯度はおよそ北緯44度と、冬でも比較的温暖なフランス南部の街ニースとほぼ同じ緯度です。それにもかかわらず、流氷によって海が閉ざされることがあるのは、なぜでしょうか。

流氷は、その名の通り流れてきた氷で、その源はロシア・アムール川の河口にあります。海水は通常0℃では凍らないのですが、アムール川の河口では塩分を含まない川の水が海に流れ込むことで海水が薄められ、それがシベリアの大地から吹き込む寒気で冷やされて凍るのです。その氷が冬の北寄りの季節風や、海流によって流されて南下してきます。流氷の厚さは、北にあるものほど厚く、オホーツク海北部では1メートル、南西部では0・4メートル前後といわれています。

北海道の流氷の時期

流氷は通常、知床や網走といったオホーツク海沿岸で見られますが、太平洋側の釧路などにも接岸することがあります。流氷が初めて見られた日を「流氷初日」、初めて接岸した日を「流氷接岸初日」、そして沿岸から最後に流氷が見られた日を「流氷終日」と呼びます。

例えば網走での平年値は、それぞれ1月21日、2月2日、4月11日となっています（1981〜2010年）。

流氷と温暖化

近年、流氷初日がだんだん遅くなる一方で、流氷終日が早まっています。これも地球温暖化の影響などで水温が上がり、オホーツク海を覆う氷原の面積が減少しているためです。冬の風物詩である流氷も、そう遠くないうちに見られなくなってしまうかもしれません。

一方、流氷が減少しているために増えている生物がいます。それは、マンボウやジンベエザメといった、本来暖かな場所に生息する魚です。これまでバランスの取れていた生態系に変化が生じてしまうかもしれません。

4　雪による不思議な現象

ダーウィンが発見した氷剣

進化論で知られるチャールズ・ダーウィンは、南米のアンデス山脈を探検中に、目を疑う

図10・2　ペニテンテ（アンデス山脈）

ような光景に出会いました（**図10・2**）。まるで剣が突き刺さっているかのように、氷の塔が無数に地面から生えていて、そこには、頭から引き裂かれた凍った馬の死体があったというのです。

この氷剣の正体は「ペニテンテ」と呼ばれ、ヒマラヤ山脈でも見ることができます。ペニテンテという名前は、スペインのカトリック教徒で白いとんがり帽子をかぶった聖者集団の名称から付けられました。

ペニテンテは次のようにしてできます。積もった雪を強い太陽の光が溶かすと、通常は水になります。しかし、気温が非常に低く、空気が乾燥した場所では、水の状態を飛ばして一気に水蒸気に変化するのです（昇華）。そして次々に雪面の表面が昇華していって、溶け残ったところがとがっていきます。長いものだと高さが5メートルに達することもあります。

蔵王の樹氷

ペニテンテは標高4千メートルを超えるような、非常に高い場所にしか発生しないため、日本では見ることができませんが、標高1600メートル程度の比較的低い山でも起こる現象に樹氷があります。

山形県の蔵王では、冬季は樹氷が群生しており、観光スポットとなっています。樹氷は英語で「Ice Monster（氷の妖怪）」とも呼ばれ、今にも動き出しそうな様相をしています。

冬でも葉の落ちない針葉樹のアオモリトドマツなどに、氷点下でも凍らない水滴（過冷却水滴）が風に吹かれてぶつかると、その衝撃で瞬間的に凍りつきます。そこに雪の付着が繰り返されることで樹氷が成長していくのです。

雪まくり

平地でも見られる不思議な雪の現象に「雪まくり」と呼ばれる、ロール状にくるくるとなった雪の輪があります（**図10・3**）。地域によっては「雪俵」「天狗の雪投げ」などとも呼ば

図10・3 雪まくり

れていますが、アメリカでは「雪のドーナッツ」とも呼ばれるようです。

雪まくりは、中が空洞の巻きずしのような形状をしており、大きなものでは直径が60センチにもなります。この現象は、雪が地面に貼り付かないような氷の層がある、適度な風が吹く、雪が転がりやすい地形である、などといった条件が揃ったときに生じます。また、付着しやすい雪でないとできないため、湿った雪がない北海道よりも南の地域で発生することが多いようです。

雪は、置かれた環境で、見事な七変化を遂げるのです。

おわりに

美人の魅力は3日で色あせるといいますが、虹の場合は15分が限界のようです。詩人で自然科学者でもあった、ゲーテはこう言っています。

「虹が15分も出ていたら、もう眺めている人はいなくなる。」

実に見事な観察眼です。眼前にどれほど壮大な景色が広がっていようとも、それが動かなければ、人の興味はそう長くは続かないのです。やはり人を惹き付けるには、変化というものが必要というわけです。同じようにこんな言葉を残した人もいます。

「天気の悪口を言ってはいけないよ。もし天気が変わらなかったら、人々の10分の9は会話の糸口に困ってしまうから。」

多くの人が好む天気というのは、天候は晴れ、気温は22~23℃のときですが、毎日そのような天気が続くとしたら、気分爽快で心は潤っても、他人とのコミュニケーションツールの一つとしての天気の話題が使えなくなってしまいます。

冒頭のゲーテの格言に戻ると、この言葉の裏には、もう一つの解釈が考えられます。もし、「虹とは何なのか、なぜ虹が発生するのか」といった虹のメカニズムを知っていたらば、虹のことを20分、30分と見続けていることができるのではないでしょうか。

例えば、ダ・ビンチの絵画『モナリザ』を見る際に、『モナリザ』に秘められている謎について知ってから見ると、その見方や感じ方も変わってくるでしょう。同じように気象現象の場合でも、そのメカニズムを知ることで現象の見方や感じ方が変わるものです。

私は学生時代、ＮＨＫラジオの気象情報から天気図を描くことが趣味で、その天気図から翌日の天気を予想していました。翌朝、起きるとまずは空を見上げて、その日の天気がどうなったのかを確かめました。とくに寒冷前線が近づいているときなどは天気の変化もわかりやすく、自分の予想が的中したときは朝から気分が良かったものです。当時の私にとって、空はまるで図鑑や教科書のようなものでした。

天気について学ぶことの魅力は、学んだことを実際に自分の目で確かめられることだと思います。

2章6節でも取り上げたように、近年、大雨や高温などといった激しい気象現象の発生頻度が増していますが、天気について学ぶことは、そういった自然災害から自分自身や家族、友人を守るための知識・知恵を身に付けることにもつながるのです。

おわりに

本書は、読み物としてだけではなく、ＣＧ動画という直感的な方法で気象に親しんでもらいたい、そしてその先にある防災についての知識も深めてもらいたいという思いから、気象予報士の森田さんとグラフィックアーティストの川上さんとで協力して制作しました。

気象キャスターの先駆けであり、幼いころから尊敬してやまない森田さんと、気象現象の動画化という難しい挑戦に取り組んでいただいた川上さんに、心から感謝しております。また共立出版の日比野さんには『竜巻のふしぎ』に続きお世話になりました。

森さやか

【ま行】

【や行】

【ら行】

【な行】

【は行】

【さ行】

【た行】

索　引

森田 正光（もりた まさみつ）

1950年名古屋市生まれ。(財)日本気象協会勤務を経て，1992年，民間の気象会社(株)ウェザーマップ，2002年には気象予報士受験スクール(株)クリアを設立。親しみやすいキャラクターと個性的な気象解説で人気を集め，テレビやラジオ出演のほか全国で講演活動も行っている。(公財)日本生態系協会理事，環境省「地球いきもの応援団」メンバー。著書に「竜巻のふしぎ―地上最強の気象現象を探る」(共立出版)，「「役に立たない」と思う本こそ買え―人の生き方は読んできた本で決まる」(dZERO)，ほか多数。

森 さやか（もり さやか）

アルゼンチン・ブエノスアイレス生まれ。2011年よりＮＨＫの英語放送「NHK WORLD」気象アンカー。気象予報士。日本気象学会会員，日本気象予報士会会員，日本航空機操縦士協会・航空気象委員会会員。著書に「竜巻のふしぎ―地上最強の気象現象を探る」(共立出版)。

川上 智裕（かわかみ ともひろ）

ＴＢＳで気象ＣＧを担当。

天気のしくみ

雲のでき方からオーロラの正体まで

How the Weather Works

2017年８月10日　初版１刷発行
2018年４月25日　初版２刷発行

検印廃止
NDC451

ISBN 978-4-320-04731-0

著　者　森田正光
　　　　森さやか　©2017
　　　　川上智裕

発　行　**共立出版株式会社**／南條光章
東京都文京区小日向4-6-19
電話　03-3947-2511（代表）
〒112-0006/振替口座00110-2-57035
http://www.kyoritsu-pub.co.jp/

印　刷　新日本印刷
製　本　加藤製本

一般社団法人
自然科学書協会
会員

Printed in Japan